Easy Cook
食在家常

蜀味百变

甘智荣　主编

U0222278

江苏凤凰科学技术出版社

图书在版编目（CIP）数据

蜀味百变 / 甘智荣主编 . –– 南京：江苏凤凰科学
技术出版社 , 2018.7
ISBN 978–7–5537–8122–8

Ⅰ . ①蜀… Ⅱ . ①甘… Ⅲ . ①川菜－菜谱 Ⅳ .
① TS972.182.71

中国版本图书馆 CIP 数据核字 (2017) 第 075680 号

蜀味百变

主　　　编	甘智荣
责 任 编 辑	倪　敏
责 任 监 制	曹叶平　方　晨

出 版 发 行	江苏凤凰科学技术出版社
出 版 社 地 址	南京市湖南路 1 号 A 楼，邮编：210009
出 版 社 网 址	http://www.pspress.cn
印　　　刷	北京旭丰源印刷技术有限公司

开　　　本	718mm×1000mm　1/16
印　　　张	13
字　　　数	177 000
版　　　次	2018 年 7 月第 1 版
印　　　次	2021 年 11 月第 2 次印刷

标 准 书 号	ISBN　978–7–5537–8122–8
定　　　价	39.80 元

图书如有印装质量问题，可随时向我社出版科调换。

家常川菜，用心做出幸福味道

民以食为天，食以味为先。总有一些经典的味道留在舌尖，历久弥香，就像小时候生病时妈妈亲手做的加了两个荷包蛋的手擀面，入口后那种醇香温暖的感觉，不经意想起时就会幸福满满。

做菜就是这样，很多时候我们记住的就是幸福的感觉。因为用心，因为有爱，这些平凡却入心灵的味道让我们品出了生活中幸福的滋味。家常川菜就具有这样的魅力，特有的做法赋予了平凡食物最可口的味道，吃起来满心的温暖和幸福。

在众多菜品中，川菜是最有特色的一种，素有"一菜一格，百菜百味"的美誉。首先，"麻、辣"是一种容易让人上瘾的味觉，每当吃到酣畅淋漓的时候，似乎"飙汗"才是最高的境界。其次，"鲜、香"是一种让人戒不掉的味道，新鲜的食材配合特有的香料，多种味道融合得恰到好处，能在第一时间抓住你的胃。还有酸辣、鱼香、椒麻、怪味……每一种都有各自的特点，让川菜的世界异彩纷呈。

巧妇难为无米之炊。川菜中绝对不缺食材，每种食材都具有生命力，经过简单的烹制就能成为餐桌上的一道美食，哪怕是最平凡的食材也能华丽变身。这本书最大的作用，就是教你如何游刃有余地驾驭食材，让它们成为使人感到幸福的美味佳肴。

本书精选包括素菜、畜肉、禽蛋、水产海鲜等四大类菜肴，道道经典，荤素并举。所选用的菜品均为家常菜式，每道菜从选材、预处理，到制作步骤、做法演示，均配有详细的介绍，方便读者一目了然地学习川菜的制作方法。本书还讲解了川菜的相关知识，从起源、选材、调味料、味型到小典故，将川菜文化融会贯通，让你在拥有介绍菜肴制作方法工具书的同时，也拥有一套可供品读的美食文化书。

"洗手做羹汤"，是对家人爱的表达。只要用心，最平凡的食材也能做成最美味的佳肴。衷心希望这本美食书，能带您走近川菜、了解川菜、掌握川菜，并最终做出美味川菜，吃出幸福味道。

阅读导航

菜式名称

每一道菜式都有着它的名字，我们将菜式名称放置在这里，以便你在阅读时能一眼就找到它。

辅助信息

这里标记着这道菜的烹饪时间、口味、营养功效及适用人群。

干锅菜花

🕐 3分钟　　✖ 防癌抗癌
🌶 辣　　　　☺ 一般人群

白嫩的菜花不仅有一副惹人喜爱的模样，还具有很高的营养价值。菜花与辣椒似乎是一对天生好朋友，在辣椒面前，菜花独特的清香发挥得淋漓尽致，让无数挑剔的胃口为之折服。因此，菜花天生适合川菜。干锅菜花无疑是最出挑的，随着小火加热，锅中菜花散出来的香气越来越浓，热热辣辣的，越吃越香。

美食简介

没有故事的菜是不完整的，在这里我们将这道菜的所选食材、产地、调味、历史、地理、饮食文化等留在这里，用最真实的文字和体验告诉你这道菜的魅力所在。

材料		调料	
菜花	300克	盐	2克
五花肉片	100克	鸡精	1克
干辣椒	7克	生抽	5毫升
蒜片	5克	料酒	5毫升
葱段	5克	高汤	适量
		食用油	适量

材料与调料

在这里，您能查找到烹制这道菜所需的所有配料名称、用量以及它们最初的样子。

菜品实图

这里将如实地为您呈现一道菜烹制完成后的最终样子，菜式是否悦目，是否能勾起您的食欲，您的眼睛不会说谎。此外，您也可以通过对照图片来检验自己动手烹制的菜品是否符合规范和要求。

40 蜀味百变

步骤演示

您将看到烹制整道菜的全程实图，以及具体操作每一步的要点，它将引导您将最初的食材烹制成美味的食物。

食材处理

❶将洗净的菜花切成小朵。

❷锅中倒入适量清水烧热，加入盐、食用油拌匀。

❸放入切好的菜花，焯煮至熟，捞出备用。

做法演示

❶热锅注油，倒入五花肉片，炒至出油。

❷倒入蒜片、干辣椒翻炒出辣味。

❸淋入少许生抽、料酒。

❹再倒入菜花，翻炒均匀。

❺加入盐、鸡精炒匀调味。

❻注入少许高汤，大火煮沸。

❼翻炒片刻至入味。

❽将锅中材料盛入干锅，撒上葱段即可。

食物相宜

防癌抗癌

菜花

+

西红柿

预防消化系统疾病

菜花

+

胡萝卜

食物相宜

结合实图为您列举这道菜中的某些食材与其他哪些食材搭配效果更好，以及它们搭配所具有的营养功效。

小贴士

◎ 菜花用保鲜膜封好置于冰箱中可保存 1 周左右。
◎ 焯西蓝花时水中加盐，可以让西蓝花保持脆的口感，加色拉油可以让西蓝花看起来更油亮。

养生常识

★ 经常食用菜花，可以减少乳腺癌、直肠癌及胃癌等癌症的发病概率，还能够促进人体的新陈代谢，具有清肝的作用。
★ 体内缺乏维生素 K 的人要多吃菜花。尿路结石者忌食菜花。

小贴士 & 养生常识

在烹制菜肴的过程中，一些烹饪上的技术要点能帮助您一次就上手，一气呵成零失败。细数烹饪实战小窍门，绝不藏私。此外，了解必要的养生常识，也能让您的饮食生活更合理、更健康。

第1章
川菜印象

Contents ｜目录

第2章
诱人素食最健康

第 3 章
浓香肉菜最下饭

第4章
花样禽蛋最美味

第5章
鲜美水产吃不厌

附录

第1章

川菜印象

宫保鸡丁、鱼香肉丝、麻婆豆腐……这些名字朴素得像路边的小草，不经意间，已走进千家万户。这就是川菜，永远带给人难以言喻的愉悦和惊喜，这是其他菜系不能比拟的。在民间一直都有"吃在中国，味在四川"之说。一直以来，品味一个地方，除了用"脚"去丈量，你还可以用"眼"去观察，用"心"去感受。但对于四川这样一个特别的地方，只有"口"才能真正感悟到它的真谛。

川菜是怎样"炼"成的

川菜历史悠久，发源于古代的巴国和蜀国，在隋唐五代时期得到了较大发展，两宋时期开始向外传播，到明末清初逐渐形成菜系。此后，川菜不断融合和创新，进一步发展和丰富了菜品的种类，足迹也早已遍及国内外。究其根源，川菜形成和发展离不开以下三个关键因素。

❶物产丰富，自然条件优越

四川素有"天府之国"的美称，境内江河纵横，四季常青，烹饪材料丰富。其中，既有山区的山珍野味，又有江河的鱼虾蟹鳖；既有肥嫩味美的各类禽畜，又有四季不断的各种新鲜蔬菜和笋菌；还有品种繁多、质地优良的调味品和下饭小菜，如自贡井盐、内江白糖、阆中保宁醋、德阳酱油、郫县豆瓣、茂汶花椒、永川豆豉、涪陵榨菜、叙府芽菜、南充冬菜、新繁泡菜、成都辣椒等，这些都为各式川菜的烹饪及其变化无穷的调味，提供了良好的物质基础。

❷尚滋味、好辛香，独特的饮食习惯

据史学家考证，古代四川人早就有"尚滋味""好辛香"的饮食习惯。日常饮食，在四川人看来不仅是追求生存的需要，更是追求享受的心理需要。他们把食之乐、味之乐看作是一种很重要的人生乐趣。贵族豪门嫁娶良辰、待客会友，无不大摆"厨膳""野宴""猎宴""船宴""游宴"等名目繁多、各具风采的筵宴。普通百姓家虽然无力承办豪华宴席，但对于美食的追求也不甘示弱。在婚丧节庆的时候，也都会筹办"家宴""田席""上马宴""下马宴"等。在宴席之后，热情好客的四川人通常还会让客人带一些杂糖、酥肉、咸烧白、点心之类的杂包回家，让没有到席的人也分享一下快乐，使尚滋味的饮食习俗扩展成为饮食情趣，无形中推进了川菜的发展。

❸吸收外来经验，乐于对烹饪不断研究

川菜的发展，不仅依靠其良好的自然条件和传统饮食习惯，还得益于广泛吸收外来经验。无论对宫廷、官府、民族、民间菜肴，还是对教派寺庙的菜肴，它都广泛吸收消化，取其精华，充实自己。从秦到清，川菜吸收了包括湖北、湖南、广西、陕西、河南、山东、云南、贵州、安徽、江苏、浙江等地饮食习惯，逐渐形成"南菜川味""北菜川烹"的烹饪文化，从而形成了风味独特的川菜体系。

正是由于以上因素，川菜成了巴蜀文化的代表之一。川菜具有取材广泛、调味多样、菜式适应性强等优点，具体看来，可以分为筵席菜、大众便餐菜、家常菜、火锅、风味小吃五大类。

筵席菜：多采用山珍海味，搭配时令蔬菜烹制而成，比较讲究菜肴的艺术性，其辣味较少，口味较温和。

大众便餐菜：菜式多种多样，以小煎、小炒为主要烹制方法，其味道以辣味等浓烈的滋味为主，口味较重。

家常菜：为寻常百姓家常制菜式，操作简单、取材广泛，具有浓郁的地方特色和民间家庭风味，深受人们喜爱。

火锅：火锅是一种具有悠久历史的食具，距今已有 1000 多年的历史，它是从古代的"鼎"逐渐演化而来的。常见的有红汤（以麻辣味为主）和白汤（以咸鲜味为主），但也有一种鸳鸯锅，锅里分为两部分，可同时盛装麻辣的红汤和咸鲜的白汤。川味火锅广受欢迎，人们不但喜欢在寒冷的冬天吃火锅，就是在高温不断、挥扇不停的炎夏也照吃不误。

风味小吃：多以米面、杂粮制作而成，以精巧玲珑、调味讲究、经济实惠为特色。许多有名的小吃，发源于旧时城镇的沿街叫卖的小贩模式，经历上百年的发展，如今已形成如龙抄手、钟水饺、担担面、珍珠丸子、夫妻肺片等招牌小吃。

川菜的特点

注重调味

　　川菜调味品复杂多样，极有特点，讲究川料川味。调味品多用辣椒、花椒、胡椒、香糟、豆瓣酱、葱、姜、蒜等。在川菜烹调中，以多层次、递增式调味方法见长。此外，在川菜中，不仅有麻、辣、酸、咸、甜、香六种基础味，还产生了十几种变化多样的味型，形成"一菜一味，百菜百味"的烹调风格。

选材认真

　　烹制川菜要对原料进行严格选择，一般做到量材使用，物尽其用，既保证质量，又注重节约。不仅选用的食材注重新鲜，调料的选择也讲究地道，若制作麻辣味的菜肴，必须选用四川的郫县豆瓣酱；制作鱼香味的菜肴，必须用川味泡椒。

刀工精细

　　刀工是川菜制作的一个重要环节，要求操作者认真细致，需要根据菜品的需求，将原料切配成形，使之大小一致、长短相等、粗细相当、薄厚均匀。这样不仅能使菜肴便于调味，整齐美观，而且能避免成菜生熟不齐、老嫩不一的情况。

合理搭配

　　烹调川菜，要求对原料进行合理搭配，以突出其独特风味。川菜原料分独用、配用，讲究浓淡，荤素适当搭配。味浓的应单独用，不搭配；味道清淡的多搭配使用，淡者配淡，浓者配浓，或浓淡结合，但勿使其夺味。这就要求，除了选好主要材料外，还要做好辅料的搭配，使菜肴滋味调和、丰富多彩。原料配合主次分明，质地组合相辅相成，色彩协调美观鲜明，使成菜不仅色香味俱全，而且更富营养价值。

精心烹调

　　川菜的烹调方法很多，火候运用极为讲究。烹制川菜的方法多达几十种，常见的有炒、熘、炸、爆、蒸、烧、煨、煮、焖、煸、炖、焯、卷、煎、炝、烩、腌、卤、熏、拌、糁、蒙、贴、酿等。每种做法都独具特色，必须根据原料的性质和不同菜品的要求来选择。在烹饪的时候，必须把握好投放材料的先后，火候大小，用量多少，时间长短，动作快慢，同时应掌握好成菜的口味浓淡。

制作川菜，需选好原料

粉条

粉条，是由红薯（四川俗称红苕）、绿豆、蚕豆、豌豆等原料中提取的淀粉，进而制成的丝状或条状食物。俗称水粉，具有很好的附味性，能吸收各种鲜美汤料的味道，口感爽滑而又柔嫩，是酸辣粉、肥肠粉、火锅等的主要原料。

米粉

米粉，又叫米线，是以大米为原料，经过浸泡、蒸煮和压条等工序制作成的条状食物。米粉质地柔韧，富有弹性，配以各种菜码或汤料进行汤煮或干炒，爽滑入味，多用作小吃原料，在四川，以南充的顺庆羊肉粉最为著名。

魔芋豆腐

四川是魔芋的主要产地，魔芋块茎经过熬煮、冷却、凝固而成的块状食物，就是魔芋豆腐，以烧为主，是四川小吃常用的配料。

竹荪

竹荪为名贵食用菌，在四川以江安县和长宁县蜀南竹海的竹荪最为闻名。竹荪的营养价值很高，具有滋补强壮、益气补脑、凝神健体的作用，多用于高级筵席的清汤菜式。

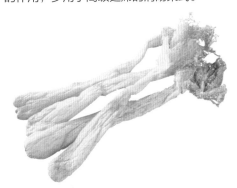

鱼腥草

鱼腥草，又叫折耳根、侧耳根，叶颜色紫红，茎粗壮，质地脆嫩，有一种特殊的香味。在川菜中，鱼腥草多用于凉拌。鱼腥草还可以入药，具有清热解毒、利尿消肿的作用。

大蒜

　　大蒜在川菜中是一种重要的调味料，广泛应用于炒菜、烧菜、凉拌菜，是鱼香、蒜泥等家常味型的主要调味品。

洋姜

　　洋姜，又叫菊芋，质地脆嫩，口味清香，四川人主要用它来制作酱菜和泡菜，风味独特。洋姜富含氨基酸、糖、维生素等，具有利水祛湿的作用。

蒜苗

　　蒜苗，又叫青蒜，为四川春季的重要蔬菜之一。蒜苗不仅适合煸炒、烧菜，还可用于凉菜、泡菜。

葱

　　葱是川菜中应用最广的调味品，可用来除腥、去膻、增香、增味。

泡菜

　　四川泡菜味道咸酸，口感脆生，色泽鲜亮，香味扑鼻，开胃提神，醒酒去腻，老少皆宜。制作泡菜的原料很多，不论是根茎类，还是叶果豆瓜类，都能泡出好味道。在四川，泡菜不仅可直接食用，还能用作调味料。

蚕豆

　　蚕豆，四川俗称胡豆，有着悠久的栽培历史，可分为小青蚕豆和大白蚕豆。其中，小青蚕豆多晒成干豆，不仅可做粮食食用，还能用来加工淀粉和豆瓣酱。大白蚕豆主要供鲜食，可作蔬菜，如特色蚕豆、泡椒红椒拌蚕豆、蚕豆炒虾仁等。

川冬菜

　　川冬菜，四川四大腌菜之一，主产于南充、资中等地。川冬菜色泽乌黑发亮，清香鲜美，咸淡适中，有一种特殊的香味，可以做冬菜扣肉、冬菜包子、冬菜炒鲜蚕豆等。

藠头

　　藠头，又叫薤，主要产于广西、贵州、四川等地。藠头色白，质地脆嫩，微辣带甜，有特殊的香味，可用于腌渍泡菜，如泡藠头、糖藠头等；还可用于煸炒、烧等。

芽菜

　　芽菜，四川特产之一，也是著名腌菜品种。芽菜有甜、咸两种，咸芽菜主产于南溪、泸州、永川，甜芽菜以宜宾产的最佳。芽菜由于质地嫩脆，除作咸烧白的底子外，多用于调味，如熬汤提味，做面肉馅。此外，烧肉和炒肉丝中放些芽菜，都可增加鲜味。

榨菜

　　榨菜是世界三大名腌菜（即四川涪陵榨菜、法国酸黄瓜、德国甜酸甘蓝）之首，历来被列为素菜佳品。其工艺独特，配料考究，鲜香脆嫩，回味悠长。榨菜有特殊的鲜咸味，脆嫩爽口，可以用于佐餐、炒菜和做汤。

川菜的麻、辣、酸、咸、甜、香

麻

川菜中的"麻"主要是由花椒产生的。四川是花椒的主要产地之一，其中以四川汉源清溪花椒、川陕交界之地的"大红袍"花椒为最佳。另外，四川还出产青花椒（俗称土花椒）、鲜花椒等多个品种。花椒在烹饪中可压腥去膻，增香提味，常见的花椒制品有：花椒油、花椒粉、椒盐、刀口花椒、花椒水等。

川菜的许多菜式都离不开花椒。比如，做麻婆豆腐需用花椒面，豆腐很润滑柔嫩，花椒面掺入豆腐中能够迅速入味。

花椒的使用技巧

在川菜烹饪中，花椒的使用讲究"先放后放，生放熟放，用面用口"。

"先放后放"是指下锅的顺序。例如做红烧类的菜，花椒要先下锅，和辣椒、豆瓣等调料一起炒。炝炒时蔬时，如空心菜、油菜薹、小白菜、豌豆尖等，都要将油烧热后，先下花椒粒、干辣椒，炸出香味，再下蔬菜翻炒。

"生"指生青花椒，不烘干。比如麻辣馋嘴蛙，就要用生青花椒，这是因为蛙的肉质细嫩，只能够经受住青花椒，而干花椒的老麻味道则会破坏其口感。

"面"是指花椒面，比如麻婆豆腐就一定要用花椒面。

"口"是指刀口花椒，就是指用刀剁一剁，常用在水煮牛肉和水煮鱼中。

如何挑选好的花椒

花椒的选购需要掌握四个步骤：一看、二捏、三闻、四尝。

看，主要是看花椒的色泽、椒粒的大小、开口的多少以及有无杂质。

捏，是指要去感受花椒是否干燥，干燥的花椒捏起来会发出沙沙的响声。另外，捏后放回花椒时，再观察手掌残留，就能检查出花椒含泥灰杂质多不多了。

闻，就是闻气味了，质量好的花椒都带有天然的香味，而不是霉变的味道或者其他杂味。抓起花椒后，先在手心内稍握片刻，然后闻手背而非手心，如果在手背都能感受到花椒香气，就说明花椒品质好。

尝，就是随便取一粒花椒，用牙齿轻轻咬开，再用舌尖去感触，然后轻咬几下吐出，再仔细揣摩这花椒是否带苦味、涩味等异常味道，只有麻味纯正者，方称得上是佳品。

辣

辣是川菜的灵魂，不同品种的辣椒经不同的方法烹饪，生出了麻辣、香辣、酸辣、红油等多种不同的味型，构成了川菜的辣韵风情。最具四川特色的辣味调料有以下几种：

辣椒

辣椒在川菜中的应用是灵活而讲究的，常用于川菜的辣椒有二荆条、小米辣、子弹头、七星椒等。其中，子弹头辣椒是朝天椒的一种，在川东一带使用较多，其辣味较为浓烈。二荆条辣椒在川西一带使用较为广泛，其辣味略淡但香味浓郁，口味香辣回甜，色泽红艳。子弹头辣椒辣味比二荆条辣椒强烈，但是香味和色泽却比不过二荆条辣椒。七星椒也是朝天椒的一种，皮薄肉厚、辣味醇厚，比子弹头辣椒更辣。小米辣辣味浓郁，口味辛烈，但是香味不浓。

这些辣椒不仅可直接用于川菜烹制，还能制成多种辣椒制品，在川菜的烹制过程中应用广泛。如干辣椒、油辣椒、糍粑辣椒、泡椒、剁椒、刀口辣椒等。

干辣椒：是指晾晒干燥的新鲜红辣椒，可广泛应用于凉菜、热菜、火锅的调味，也可加工成辣椒粉、辣椒油、糍粑辣椒，是川菜多种味型的重要调味料。

油辣椒：也叫红油辣椒，是指把干辣椒碾成碎末，再将加热的植物油倒入辣椒末中搅匀，隔夜存放后而成的辣椒制品。

糍粑辣椒：选用辣而不猛、香味浓郁的干辣椒去蒂，淘洗干净，放入锅中煮软，沥干水分，放入搅拌机磨成辣椒泥。这是制作火

锅底料的基本原料之一，也可用于制作冷菜和热菜。

泡椒：川菜特有调味品之一，是选用新鲜辣椒经盐水腌渍而成的辣椒制品，也可单独食用。

剁椒：将干辣椒去蒂，洗净后放入锅中煮软，捞出沥干水分，晾凉后剁碎，加盐、白酒或醪糟拌匀，放入坛子中密封半个月以上即可。剁椒在烹调时，需与蒜、姜、葱等调料配合使用，才能产生清辣鲜香的独特风味，如泡椒鱼头等。

刀口辣椒：炒锅烧热，将干辣椒放入炒锅中，加少许花椒，烘片刻，再加少许油炒至酥脆，用刀切成粉末即可。刀口辣椒香辣味麻，味道浓烈刺激，适合做水煮、炝锅、凉拌菜。

豆瓣酱

豆瓣酱，又称"豆瓣"，是川菜特色调味品之一，有"川味之魂"的美誉。豆瓣酱是用蚕豆瓣经发酵，再配以辣椒酱、香料等制成。其中，四川郫县豆瓣酱最为上乘。这里的蚕豆品质优良，以它作为主要原料加工制成的豆瓣酱油润红亮，瓣子酥脆，有较重的辣味，香辣可口。除用作调味外，也可单独佐饭。用熟油拌，其味更佳。

水豆豉

水豆豉是以黄豆为原料，经煮熟，天然发酵后，加盐、酒、辣椒酱、姜米（即将姜洗净、去皮，先切片，再切丝，最后切成颗粒的姜）、香料和煮黄豆的汁水搅匀，入坛密封，存放半个月左右制成的调味品。水豆豉可直接佐餐，或作调料供烹调、蘸食之用。

酸

酸是川菜六味之一，应用广泛，多与其他味道相结合，形成复合口味，比如在经典的鱼香肉丝、宫保鸡丁中，酸味就是不可或缺的。川菜的酸味主要来源于醋和泡菜。

醋在川菜中应用广泛，从酸辣土豆丝、拍黄瓜到糖醋鱼、宫保鸡丁等，都离不开一口好醋。在四川，保宁醋就是非常有名的一种，其色泽棕红、酸香浓郁，有"离开保宁醋，川菜无客顾"的美誉。

很多时候，川菜大师也非常注重泡菜的应用，因为其中特有的乳酸味比醋酸味更加有层次感，酸中带鲜，赋予川菜独特的韵味。如酸菜鱼、酸萝卜老鸭汤，泡菜不仅能去除肉中的腥膻之味，还与肉类的鲜香相得益彰。

咸

咸是五味之一，俗语说："好耍离不得钱，好吃离不得盐。"在川菜中，盐不仅是主味，还是复合味型的基础味。在川菜中，用盐是极为讲究的：多用一点则咸，少用一点则淡；而盐味失调，无论咸鲜、麻辣、甜酸等复合味均无法充分体现出其特色和风味。

川菜常用的盐是井盐，其氯化钠含量高达99%以上，味感纯正，无苦涩味，色白，结晶体小，疏松不结块。川盐能定味、提鲜、解腻、去腥，以四川自贡所生产的井盐最佳。

在烹制川菜时，常用的咸味调味料还有豆豉和腐乳两种。其中，豆豉是大豆经发酵制作而成的，腐乳是豆腐经自然发霉后发酵而成的。两者均可佐餐或作为菜肴的调味品。

甜

川菜中的鱼香、糖醋、怪味、咸甜等味型都离不开糖来调味，因此，糖是川菜中调制复合味的一种重要调味品。拔丝、糖霜、酥泥更是以糖为主要调味品。

在烧制川菜过程中，用糖调味也是有技巧的。在味道浓厚的干烧菜肴、鲜咸味中的爆炒烧烩菜肴，要求放糖不显甜，即放一点糖体现复合口感即可。糖醋味和鲜甜味、荔枝味则甜味重，而糖醋味比咸甜味用糖量要多一些，荔枝味酸重于甜。

香

香味虽然不在五味之中，却是构成川菜风味的重要因素。在川菜中，最有特色的调味料主要有：

五香料：是指八角、山柰、茴香、桂皮、草果、肉蔻、丁香等香料。这些香料气味浓郁，有很好的除腥去臊、增香提味的作用，常用于卤菜制作。在使用五香料时，要注意掌握好各种香料的用量，用量过多，则香味浓烈沉闷，反而影响菜肴的口感。

醪糟：又叫"酒酿"，是用糯米和酒曲酿制而成，色白汁甜，酒香浓郁。在烹调中可作为配料，也可作调料使用。此外，醪糟也常用于红汤火锅的调料中。

香菜：又叫"芫荽"，具有很好的除异增香、调味提鲜的作用，可作辅料，也可切碎用于味碟及凉菜的调味。

川菜的经典口味

椒麻味

调味要点：以川盐、花椒、小葱叶、酱油、冷鸡汤、味精、香油等调制而成。调制时须选用优质的花椒，方能体现其独特风味。花椒粒要加盐与葱叶一同用刀铡成蓉，令其椒麻辛香味与咸鲜味完美地结合在一起。

特点：椒麻辛香，味咸而鲜。

适用：多用于冷菜，尤其适宜在夏天食用，常搭配的食材有鸡肉、兔肉、猪肉、猪舌、猪肚等。

麻辣味

调味要点：主要由辣椒、花椒、川椒、川盐、味精、料酒调制而成。其花椒和辣椒的运用因菜而异，有的适合红油辣椒，有的适合辣椒粉；有的适合花椒粒，有的适合花椒末。调制时须做到辣而不涩，辣而不燥，辣中带鲜。

特点：麻辣味厚，咸鲜而香。

适用：广泛应用于冷热菜式，主要以鸡、鸭、猪、羊、兔等肉类食材为原料，同时还可以干鲜蔬菜、豆类和豆制品等食材为原料。

酸辣味

调味要点：以川盐、醋、胡椒粉、味精、料酒等为原料调制而成。在制作过程中，须以咸味为基础，酸味为主体，辣味为辅助。冷菜的酸辣味，还应注意不放胡椒粉，而用红油或豆瓣酱。

特点：醇酸微辣，咸鲜味浓。

适用：主要以各类蔬菜及海参、鱿鱼、蹄筋、鸡肉、鸡蛋等食材为原料。

煳辣味

调味要点：以川盐、干红辣椒、花椒酱油、醋、白糖、姜、葱、蒜、料酒、味精等调制而成。其香味是以干辣椒段在油锅里炸，使之成为煳辣壳而产生的，火候不到或火候过头都会影响其口味，所以在炒制时应特别注意。

特点：香辣咸鲜，回味略甜。

适用：应用广泛，可用于家禽、家畜等肉类食材，以及新鲜蔬菜类食材为原料。

鱼香味

调味要点：以泡红辣椒、川盐、酱油、白糖、醋、姜末、葱等调制而成。特别需要注意的是，在调制冷菜时，调料不下锅，不用芡，醋应略少于热菜的用量，而川盐的用量应稍多。

特点：咸甜酸辣兼备，姜葱蒜香气浓郁。

适用：广泛应用于多种热菜和冷菜，热菜主要以家禽、家畜、蔬菜、蛋类食材为原料，冷菜则多以豆类食材为原料。

怪味

调味要点：主要以川盐、酱油、红油、花椒粉、麻酱、白糖、醋、熟芝麻、香油、味精等调制而成。怪味集多种味道于一体，各味平衡又十分和谐。

特点：咸、甜、麻、辣、酸、鲜、香，诸味协调。

适用：多用于冷菜，主要以鸡肉、鱼肉、兔肉、花生米、蚕豆、豌豆等食材为原料。

家常味

调味要点：以郫县豆瓣酱、川盐、酱油等调制而成。因不同菜肴风味不同，也可酌情加泡红辣椒、料酒、豆豉、甜酱、味精等。

特点：咸鲜微辣。

适用：广泛应用于热菜，鸡肉、鸭肉、鹅肉、兔肉、猪肉、牛肉、鱼肉等肉类食材，海参、鱿鱼、豆腐、魔芋等食材均可作为烹饪原料。

芥末味

调味要点：以川盐、醋、酱油（少许）、芥末、味精、香油等调制而成。调制时，先将芥末用汤汁调散，密闭于容器中，避免香气挥发，使用的时候再取出。

特点：显现蒜香，芥末冲辣。

适用：以鱼肚、鸡肉、鸭掌、粉条、白菜、白肚等食材为原料。

红油味

调味要点：以特制的红油与酱油、白糖、味精等调制而成。

特点：咸鲜辣香，回味略甜。

适用：主要以鸡肉、鸭肉、猪肉、牛肉等食材为原料，肚、舌、心等家畜内脏为原料，以及块茎类鲜蔬食材为原料。

甜香味

调味要点：以白糖或冰糖为主要调味品，可辅以蜜玫瑰等各种蜜饯，樱桃等水果及果汁，核桃仁等干果仁。调制方法主要有蜜汁、糖汁、撒糖等。使用中须掌握用糖的分量，过量则损味。

特点：纯甜而香。

适用：以干鲜果品及银耳、蚕豆等为原料。

茄汁味

调味要点：以川盐、番茄酱、白糖、白醋、料酒、姜、葱、蒜等调制而成，调制时，番茄酱须用温油炒香出色。

特点：甜酸适口，茄汁味浓。

适用：多用于热菜中的煎炸菜品，以禽肉、畜肉、根茎类蔬菜为原料。

荔枝味

调味要点：以川盐、醋、白糖、酱油、味精、料酒等调制而成，并取姜、葱、蒜的辛香气味。

特点：味似荔枝，酸甜适口。

适用：多以猪肉、鸡肉、猪肝、猪腰、鱿鱼及部分蔬菜为原料。

咸甜味

调味要点：以川盐、白糖、胡椒粉、料酒等调制而成。调制时，咸甜二味可有所侧重，或咸略重于甜，或甜略重于咸。

特点：咸甜并重，兼有鲜香。

适用：多用于热菜，以猪肉、鸡肉、鱼、蔬菜等为原料。

糖醋味

调味要点：以糖、醋为主要调料，佐以川盐、酱油、味精、姜、葱、蒜等调制而成。

特点：甜酸味浓，回味咸鲜。

适用：多以猪肉、鱼肉、白菜、莴笋等食材为原料。

姜汁味

调味要点：以川盐、酱油、姜汁、味精、醋、香油等调制而成。调制冷菜时，须在咸鲜味的基础上，重用姜、醋，突出姜、醋的味道；调制热菜时，可根据不同菜肴风味的需要，酌情加郫县豆瓣酱或辣椒油，但应以不影响姜、醋味为前提。

特点：姜味醇厚，咸酸爽口。

适用：常用鸡肉、兔肉、猪肘、猪肚、绿叶蔬菜等食材为原料。

陈皮味

调味要点：以陈皮、川盐、酱油、醋、花椒、干辣椒段、姜、葱、白糖、红油、醪糟汁、味精、香油等调制而成。在调制时，陈皮用量不宜过多，多则回味带苦。白糖、醪糟汁用量应以略感回甜为宜。

特点：陈皮芳香、麻辣味厚，略有回甜。

适用：多用于冷菜，主要以家禽、家畜肉类为原料。

蒜泥味

调味要点：以大蒜、酱油、香菜、味精、红油等调制而成。调制凉菜时须用现制的蒜泥，以突出蒜香味。烹制热菜则多用整瓣大蒜。

特点：蒜香味浓，咸鲜微辣。

适用：多以猪肉、兔肉、猪肚及蔬菜等为原料。

麻酱味

调味要点：以麻酱、香油、川盐、味精、浓鸡汁等调制而成。调制时，麻酱要先用香油调散，使麻酱的香味和香油的香味融合在一起，再加川盐、味精、浓鸡汁调和即可。

特点：麻酱浓香，咸鲜醇正。

适用：多用于凉菜，常以肝、鱼肚、鲍鱼、蹄筋等为原料。

香糟味

调味要点：以香糟汁或醪糟、川盐、味精、香油等调制而成。

特点：醇香咸鲜而回甜。

适用：多以鸡肉、鸭肉、猪肉、兔肉等肉类食材，冬笋、板栗等蔬果食材为原料。

酱香味

调味要点：以甜酱、川盐、酱油、味精、香油等调制而成。

特点：酱香浓郁，咸鲜带甜。

适用：多用于热菜，常以鸭肉、猪肉、豆腐、冬笋等为原料。

川菜常见烹饪方法

滑炒

是指将动物性原料加工切配后，经码味上浆，用大火热油，快速烹制，最后用芡汁成菜的一种烹调方法。

烹调步骤：

❶ 原料洗净、切好、码味、上浆。

❷ 调味，兑芡汁。

❸ 炒锅置于大火上烧热，滑油翻炒，收汁即可。

操作要领：

❶ 根据原料的特性，准确选料。

❷ 原料应切得薄厚、大小、长短相当，互不粘连。

❸ 码味、上浆要均匀，正确使用调味料，按复合味的要求调制；兑芡时，应掌握好水淀粉和鲜汤的用量。

❹ 烹制前，须将炒锅烧热，炒时动作要迅速，原料断生即起锅。

经典菜品：

鱼香肉丝、白油肝片、宫保鸡丁等。

生炒

是指将切配后的小型原料，不上浆、挂糊，直接入锅，用大火热油快速炒制成菜的一种烹调方法。

烹调步骤：

❶ 原料洗净，切好，码味。

❷ 炒锅置火上，放油烧热，放入原料翻炒，调味至熟即可。

操作要领：

❶ 选料时，动物性原料要选无筋、质嫩的部位；植物性原料应选鲜嫩的。

❷ 炒植物性原料时，要求火力大，油要热，要注意保持本色，不能炒得过火；动物性原料炒至干香滋润即可，不用码味、上浆，也不用勾芡。

经典菜品：

碎牛肉芹菜、青椒土豆丝、蒜薹炒肉等。

炝炒

　　是指将加工切配后的原料放入加有干辣椒、花椒的锅中，快速炒制成菜的一种烹调方法。

烹调步骤：

❶ 原料洗净切好。

❷ 炒锅中放油烧热，放入干辣椒、花椒爆香，再放入原料、调味料炒至熟即可。

操作要领：

　　必须放入干辣椒和花椒，爆炒至香而不焦。

经典菜品：

　　炝炒莲白、炝炒土豆丝、炝炒苦瓜等。

熟炒

　　是指将洗净切好的原料，不上浆、不码味、不勾芡，直接入锅，用中火热油炒制成菜的一种烹调方法。

烹调步骤：

❶ 原料洗净，先焯至略熟捞出，再将焯好的原料切好。

❷ 炒锅放大火上烧热，放油烧至六成热，再放入原料、调味品烹制入味即可。

操作要领：

　　大火热油，原料一般不需码味、上浆、勾芡。

经典菜品：

　　回锅肉、回锅腊肉、姜爆鸭丝、香辣猪蹄等。

煮

　　是指将原料放入大量味汁中，中火加热至熟的一种烹调方法。

烹调步骤：

❶ 原料洗净，加工成形。

❷ 锅中加水，用大火烧沸，放入原料，撇去浮沫，改用中火加热至熟，加调料调味即可。

操作要领：

　　水量应较多，沸水下锅，中火烹制。

经典菜品：

　　水煮鱼、大煮干丝、水煮牛肉等。

爆

　　是指将加工好后的原料用大火热油快速烹制成菜的一种烹调方法。

烹调步骤：

❶ 选用质地嫩脆易熟的动物性原料，用刀切成小块、段等；为原料上浆，调兑好芡汁，备用。

❷ 炒锅置火上，放油烧热，放入原料爆炒至熟，倒入调味芡汁，收汁亮油即可。

操作要领：

❶ 刀工严格，原料处理要均匀。

❷ 注意火候，成菜时间短，用大火热油快速烹制，原料刚熟即出锅。

经典菜品：

　　火爆腰花、火爆鸭肠、油爆海螺片等。

鲜熘

将加工切配的小型原料，经码味上浆，在温油中滑熟，再调味收汁成菜的一种烹调方法。

烹调步骤：

❶ 原料洗净，加工成丝、片、粒、块等。

❷ 原料经码味后，上蛋清淀粉浆，所有调料放在一起兑成芡汁，备用。

❸ 炒锅放油烧至三四成热，原料放入锅中滑熟捞出。

❹ 将滑熟的原料再次放入热油锅中，加调料炒至断生，倒入芡汁，收汁亮油即可。

操作要领：

❶ 选用色浅、质嫩的动物性原料。

❷ 选用蛋清淀粉上浆，兑芡汁中的鲜汤量比滑炒芡汁要多一些，使得成菜带汁亮油。

❸ 食用油要纯净，烹制时油量较多，但油温不宜过高。

经典菜品：

鲜熘肉片、鲜熘虾仁、醋熘鸡、芹黄鱼丝等。

炸熘

将切配好的原料，经码味挂糊或拍粉后，放入油中炸至外酥里嫩，再贴裹或浇淋调味芡汁成菜的一种烹调方法。

烹调步骤：

❶ 原料洗净，加工成小的丁、片、块、段等，加工后的原料放入糊中裹匀或拍粉。

❷ 第一次炸定型，第二次炸至表面金黄、外酥里嫩。

❸ 根据成菜要求，将烹制好的复合味型味汁浇淋在炸好的原料上即可。

操作要领：

❶ 原料要先码味后再挂糊或拍粉，挂糊或拍粉的薄厚要均匀。

❷ 掌握好芡汁的浓稠度。

经典菜品：

焦熘肉片、炸熘丸子、炸熘肝尖等。

软炒

是指将加工为流体、泥状、颗粒状等半成品原料与调味料等调匀，放入锅中以中火翻炒，使之凝结成菜的一种烹调方法。

烹调步骤：

❶ 将原料加工成泥蓉状。

❷ 将泥蓉状的原料加入淀粉、鸡蛋、川盐、清水等搅拌均匀。

❸ 炒锅置大火上，放油烧热，用中火炒制成菜即可。

操作要领：

❶ 原料捶成泥蓉状后，要拣去筋缠。

❷ 掌握好浆汁的稀稠程度。

❸ 烹制前，炒锅须烧热。

经典菜品：

八宝锅珍、雪花桃泥、土豆泥等。

干煸

是指将切配好的原料放入锅中反复煸炒至干香成菜的一种烹调方法。

烹调步骤：

❶ 原料一般加工成丝、丁、片、块、条等小块。

❷ 多数干煸菜都要先过油，使原料迅速失去一部分水分，缩短烹制时间，滑油程度以蔫软状态为宜。

❸ 锅中放油，以中火烧热，放入原料煸炒至油亮干香，加入调辅料煸至断生即可。

操作要领：

❶ 动物性原料要求纤维较长，结构紧密；植物性原料要求含水分较少，质地脆嫩。

❷ 干煸类菜品不能上浆，成菜不用勾芡。

❸ 煸炒时要控制好火候、油温和时间，既要将原料表面的水分煸干，又不能过硬，同时勤于翻动，防止粘锅、煳锅。

经典菜品：

干煸牛肉丝、干煸鸡块、干煸四季豆、干煸冬笋等。

红烧

是指将原料放入红色味汁中，加热至熟软，收汁成菜的一种烹调方法。

烹调步骤：

❶ 原料洗净，切成大块或粗条或厚片等。

❷ 将原料焯水，过油后捞出备用。

❸ 锅中加汤，放入备用原料，以大火烧沸，去除浮沫，再加调料，改小火慢慢烧至软熟入味，收浓味汁即可。

操作要领：

❶ 烧制时需加有色调味料，根据菜肴需要的味型，准确调味。

❷ 要掌握好烧制的火候和加热时间，长时间烧制的菜肴要一次性加够汤水。

经典菜品：

红烧肉、红烧狮子头、红烧鱼等。

炸

是指用多油量将原料淹没、加热至熟的一种烹调方法。

烹调步骤：

❶ 原料洗净，切成大块（原料本身较小的可不切）。

❷ 将切好的原料码味、挂糊或拍粉。

❸ 将挂糊的原料放入热油锅中，炸至色泽金黄、外酥里熟即可。

操作要领：

❶ 动物性原料需码味后挂糊，植物性原料不需要码味可直接挂糊。

❷ 挂糊后的原料要立即放入油锅中炸，不宜多作停放。

❸ 控制好油温和炸的时间，拍粉原料不宜高油温炸，挂糊原料需重复炸熟。

经典菜品：

酥炸黄鱼、炸松肉、干炸响铃等。

煎

是指将加工成型的原料放入少油量的锅中，用中小火加热至色泽金黄、酥香成菜的一种烹调方法。

烹调步骤：

❶ 原料洗净，加工成厚片或块状。

❷ 炒锅置火上，放入少量食用油，将原料平铺到油上，用中小火煎至熟即可。

操作要领：

煎时油量要少，原料要勤翻动，防止粘锅。

经典菜品：

煎牛柳、煎鸡条、煎茄盒等。

焖

是指将原料放入味汁中，加盖烧至熟软，收汁成菜的一种烹调方法。

烹调步骤：

❶ 原料洗净，切成大块、粗条、厚片等。

❷ 锅中放入汤，加入调料，大火烧沸，去除浮沫，再放入原料，加盖，用中小火焖至熟软入味，收汁即可。

操作要领：

焖制过程中，要经常晃动锅，防止粘锅。

经典菜品：

黄焖牛肉、油焖鸡、油焖大虾等。

卤

是指将原料放入卤汁中，加热至熟入味的一种烹调方法。

烹调步骤：

❶ 原料洗净，加工成大块或整形等。

❷ 原料放入锅中焯水至血污去尽，捞出备用。

❸ 按照要求调配好卤汁，将原料放入卤汁中，用中小火卤至软熟即可。

操作要领：

原料在卤制前应焯水，腥膻味重的原料应分开卤制。

经典菜品：

卤香干、卤猪蹄等。

汆

是指将原料放入汤锅中，迅速加热至熟的一种烹调方法。

烹调步骤：

❶ 原料洗净，先加工成小的丝、条、块、片等形状。

❷ 锅中加汤，放入调料烧沸，放入原料迅速加热至熟。

操作要领：

用大火烧至汤沸，加热时间短。

经典菜品：

萝卜汆丸子、酸菜汆白肉等。

粉蒸

是指将原料加入调料、米粉拌匀入味，用蒸汽加热至软糯成菜的一种烹调方法。

烹调步骤：

❶ 原料洗净，加工成条、块、片等形状。

❷ 在原料中加入调味料拌匀，再放入米粉拌均匀。

❸ 将拌好的原料装入盘中，放入蒸笼或蒸箱，蒸熟即可。

操作要领：

原料先加工成小形状，然后加调味料拌匀，再加米粉拌匀。

经典菜品：

粉蒸排骨、粉蒸肉、粉蒸肥肠等。

烩

是指将两种以上的预熟原料放入调味汁中，用中小火加热至熟，收汁成菜的一种烹调方法。

烹调步骤：

❶ 原料洗净，加工成较大的条、块、厚片等。

❷ 根据原料性质，将不同原料烹煮至熟透。

❸ 锅中放汤，加入调味料，用中火加热入味，再放入水淀粉收汁成菜即可。

操作要领：

原料在锅中烩的时间短，所以应事先将原料做预熟处理。

经典菜品：

烩鲢鱼头、烩羊杂、红烩排骨等。

泡制

是指将原料放入盐水中浸泡成菜的一种烹调方法。

烹调步骤：

❶ 原料洗净，沥干水分，加工成大块、厚片或自然形。

❷ 将原料放入盐水中浸泡数日，即可加工成小形状直接食用。

操作要领：

❶ 原料应新鲜，洗净沥干水分，动物性原料还应先处理熟。

❸ 泡制时，盐水应淹没原料，泡制的容器应加盖或密封。

经典菜品：

泡萝卜、泡酸菜、泡豇豆等。

干烧

是指将原料放入调味汁中，用中小火加热至熟，自然收汁的一种烹调方法。

烹调步骤：

❶ 原料洗净，切成较大的条、块、厚片等。

❷ 动物性原料应焯水，以去尽血水为宜。

❸ 锅中加汤，加入调味料，用大火烧沸，放入原料，改用中小火烧至水分将干，汤汁浓稠即可。

操作要领：

干烧菜品应自然收汁，不用淀粉。

经典菜品：

干烧黄鱼、干烧明虾、干烧带鱼等。

烹饪川菜的小窍门

掌握油温和火候

火候和油温在川菜烹制中十分重要，因此在操作中必须严格区分和运用。

在烹调川菜过程中，要根据原料性质和菜品要求运用好火力。

在川菜中，火候一般分为大火、中火、小火。大火，即最大火力，其火力强而集中，火焰高而稳定，火光明亮，火焰底部火色黄红，蹿起的火苗为蓝色，热气灼人；中火，火光较亮，火色黄红，火焰上不呈蓝色火苗，火焰集中，热气袭人，但其火力低于大火；小火，火苗细微，火焰暗红，光泽暗淡，但热气较大，火力弱。

不同的火力，运用方法与适宜烹调方法各不相同。大火适宜于爆、炒、炝、炸、蒸等烹调方法，成菜具有细嫩、香酥、松脆、软入味的特点，也可用于原料的汆制加工，消除异味，保持原料色泽；中火适宜于滑、熘、卤、煮、蒸等烹调方法。成菜具有细嫩鲜香、软嫩入味、酥脆可口的特点；小火适宜于烧、焖、炖、煨等需长时间烹制的菜肴，成菜具有形整不烂、软入味、鲜香宜人的特点。

在烹制川菜过程中，要把握好油温。

油温一般分为温油、热油和高温油3种。温油一般三四成热，无青烟、无响声，油面平静，泛小泡沫；热油五六成热，油面开始冒青烟，油面泡沫消失，搅动时有一些响声；高温油一般七八成热，油面冒烟呛人，看似平静，搅动时响声较大。

温油适宜于熘菜类，原料加工后的煎、炸等；热油适宜于炒、炸、煸等，运用范围广泛；高温油适宜于爆、油炸、炝炸等菜肴，也适宜炝炒。

不得不学的勾芡技巧

在川菜烹制过程中，勾芡是一道必不可少的步骤，其主要作用是增加菜品色相，中和味道，增加口感。

在川菜中，常用芡汁有3种，在运用时，要根据菜品不同来区分。

二流芡，为半流体状的芡汁，可用于烧、炸、熘，以及汤类菜肴。具体要求是要与主料交融，呈液态，芡汁较浓。

玻璃芡，为晶莹如浆状的芡汁，多用于白汁类菜肴。具体要求是将一部分芡汁黏附于原料之上，使菜肴具有光泽和透明感，另一部分流于盘底，光洁明亮。

米汤芡，形如米汤，起浓稠菜汁、突出主味、提味和保温的作用。米汤芡常用于烧、烩等菜品。

川菜讲究"一菜一格，百菜百味"，因此在使用芡汁的过程中，应做到因菜而异。

在炒菜时，应先将所用的调味品、水淀粉调匀成芡汁后再使用。常用于炒、爆、熘的菜肴，芡汁入锅时应从四周倒下，稍待淀粉糊化，立即用勺翻勺。在运用时，应根据原料的多少及其吸水能力的强弱，掌握芡汁的浓度，如瘦肉应用稀一些的，肚头应用浓一些的。此外，还要根据火力大小掌握芡汁用量的多少，火旺芡汁多一些，火小芡汁则少一些。

对于挂汁的菜品，应先在锅中调味勾芡，做成卤汁，再浇到菜品上。具体操作时，要做到调味准确，速度快，挂汁及时。另外，要根据菜肴的不同成菜要求而定，对刀工复杂的菜肴，如荔枝鱼、菊花鸡等要用米汤芡；一些蒸制的菜肴，如八宝酿梨要用玻璃芡。

此外，在烧菜芡汁中，应在菜肴即将熟时，出锅前勾入，使菜肴的汤汁浓稠入味。烧菜要求芡汁与主料交融粘匀在一起，达到亮油亮汁的效果，因此适合用二流芡，如麻婆豆腐、臊子鱼、毛血旺等。烩菜则要求芡汁轻薄不糊，以晶莹明亮、润滑可口为度，因此适合米汤芡，如西红柿烩鸭肠、金钩菜心等。此外，在勾芡前应将水淀粉进行稀释，一定要除去里面的小疙瘩，以免影响操作和口感；还应掌握好勾入芡汁时的火候，下入芡汁时，用中、小火，让淀粉慢慢糊化。

学做红油

红油，即辣椒油，是川菜烹调中不可缺少的调味品之一。好的红油，一般色泽红亮，香辣味浓，风味独特。在家庭中，自制红油一般从四个方面做起。

第一，选好辣椒。四川产的辣椒种类繁多，制作红油适合选用四川盆地的特产"二荆条"。这种辣椒形体细长，色红有光泽，辣味中等，用其制成的红油色泽红亮，辣而不燥，香味浓郁。当然，如果感觉辣味不够，可添加一些朝天椒制成的辣椒面。

第二，制作辣椒面。选好辣椒后，将干辣椒剪成小段，并放入锅中炒香，晾凉后用石杵舂碎成面，筛去杂质；或将炒香的辣椒段放入机器中磨成面，过筛即可。需要注意的是，辣椒面一定要细，太粗会影响制作效果。

第三，控制炼油温度。这是自制红油最关键的一步。一般来说，菜油的温度以五六成热为宜，这种温度既可以使辣椒面出色，又能使其出味。加油时，还要边加边用筷子搅匀，使油和辣椒面充分融合。注意，菜油的温度不能过高，否则辣椒面极易变焦糊，色味俱损；菜油也不能温度过低，否则辣椒面溶解不够，炼出的红油没有香辣味。

第四，掌握好油和辣椒面的比例。一般来说，辣椒面和油的比例以 1∶5 为宜，如果油的比例过高，红油色味差；反之辣椒面比例高，则会出现油少、红油不够的现象。此外，红油炼好后放 24 小时才可使用。

原料汆水的技巧

在制作川菜过程中，汆水是一道不可缺少的步骤。其作用是除去动物性原料的腥味、血污、异味，植物性原料的苦、涩味等，同时减少烹饪时间，快速成菜。在汆水时，要注意根据原料进行分类。

首先，新鲜肉类，如牛、羊、猪肉等新鲜原料，应该放进开水锅中汆水，但时间长短应有所区别，如羊肉膻味重，血污多，汆水时间应略长，而鸡肉汆水时间较短。不新鲜的肉类则应放在冷水中，在慢慢加热的过程中汆水。

其次，绿叶类蔬菜，如菠菜、娃娃菜、空心菜等，质地脆嫩，含水量多，应在开水锅中略烫即可捞出，汆水时间一定要短。

最后，肠肚类内脏原料，一定要用冷水锅汆水，这样有助于除去污质和异味。

值得注意的是，汆水时，锅中一定要加大量水，保持水量为原料的 1.5~2.5 倍为宜，开水锅尤其应注意。在汆水后，有的原料要立即烹制，有的要放入冷水中浸凉备用，应根据菜品要求加以区分。

不上火的川菜吃法

川味饮食美味难挡，因此无论是寒冬腊月，还是炎炎酷暑，吃货们的世界都少不了川味美食。川菜"尚滋味，好辛香"，辛味、辣味食物性热，易诱发人体内的火，引起诸如咽喉肿痛、便秘、痔疮等症状。以下就是川菜不上火的吃法。

首先，要合理搭配。

不论是吃一般菜肴，还是品尝川味火锅，都要做到合理搭配。条件允许的话，多选择一些蔬菜，尤其是凉性蔬菜，如冬瓜、丝瓜、油菜、菠菜、白菜、金针菇、蘑菇、莲藕、茭白、莴笋、菜心等。这些蔬菜中含有大量维生素和叶绿素，不仅能消除油腻，补充人体中的维生素，还具有清凉、解毒、祛火的作用。不过，蔬菜不能煮得太久，否则大部分营养物质都会流失，其清火作用也大打折扣。

值得注意的是，在食用川味火锅时，可以适当选择豆腐，在火锅中加入豆腐，不仅能补充多种微量元素，还能发挥豆腐中石膏的清热泻火、除烦止渴的作用。此外，吃完火锅后可喝一些发酵型的酸奶，能有效缓解辣的刺激，还能促进消化。

其次，要做到少麻少辣。

麻辣鲜香是川菜的一大特色，因此很多好吃过瘾的川菜都是味道厚重的。这些厚重的味道在刺激味觉的同时，还会导致身体上火。因此，在选择川菜、烹制川菜时，尽量选择少麻少辣，甚至清淡的菜品，如开水白菜、拍黄瓜、老鸭汤等。

如果真的很想吃辣椒的话，最好和凉性的食物一起烹制，如鸭肉、鱼虾、苦瓜、丝瓜、黄瓜、百合、绿叶菜等，可清热生津、滋阴降燥、泻火解毒，尤其适合胃热的人吃。烹调前先把辣椒在醋里泡一会儿，或在烹调辣菜时加点醋，也有助于减轻上火症状。

最后，进餐顺序有讲究。

美味的川菜通常会令人大快朵颐，这时要注意进餐的顺序，以防上火。建议先吃一些蔬菜，然后再搭配荤菜。蔬菜中含较多的维生素，能避免人体吸收过多的脂肪和热量，增加饱腹感，避免上火也避免长肉，有益健康。

餐后可以补充些水果，如猕猴桃、梨、苹果等，有助于清热解毒、解腻。

第 **2** 章

诱人素食
最健康

在川菜中，素食是重要的一类，选用最新鲜的蔬菜水果，配以川菜特有的烹制方法，口味丰富，口感清新。它不仅让我们多了一种口味选择，更让每种食物的营养都得到最大限度的发挥，对保持身体健康同样有益。蔬菜和水果，不像肉类那样需要特别的加工才能消化吸收，也不像肉类那样要加入很多调味料烹制。因此，诱人素食最健康。

干锅娃娃菜

⏱ 5分钟　　✖ 清热解毒
🧂 清淡　　☺ 女性

　　人不可貌相，菜也一样，娃娃菜虽有一副大白菜家族的普通相貌，却又有着一颗不平凡的心。都说西湖是"浓妆淡抹总相宜"，娃娃菜则是"炒烧烹煮味独特"。娃娃菜的性格是包容的，对干锅这种重口味也能轻松驾驭。清淡与麻辣相遇，柔美与厚重融合，使得干锅娃娃菜风味独特，吃起来多了些轻松活泼。

材料

娃娃菜	500克
干辣椒	10克
蒜末	5克

调料

盐	3克
辣椒酱	适量
鸡精	2克
蚝油	3毫升
高汤	适量
猪油	适量
辣椒油	适量
食用油	适量

食材处理

❶ 洗净的娃娃菜切成长条。

❷ 锅中倒适量清水，加盐拌匀。

❸ 加入食用油煮沸。

❹ 倒入娃娃菜。

❺ 焯熟后捞出沥水。

做法演示

❶ 锅中倒入适量猪油，烧热，倒入干辣椒、蒜末煸香。

❷ 倒入辣椒酱拌炒均匀。

❸ 倒入适量高汤烧开。

❹ 放入娃娃菜炒匀。

❺ 加入盐、鸡精炒匀调味。

❻ 加入蚝油拌炒匀。

❼ 淋入少许辣椒油。

❽ 快速拌炒均匀。

❾ 将娃娃菜夹入干锅，倒入汤汁即成。

食物相宜

补充营养，通便

娃娃菜

+

猪肉

预防牙龈出血

娃娃菜

+

虾

养生常识

★ 娃娃菜是一种"超小白菜"，但它的钾含量却比白菜高很多。

★ 娃娃菜还有助于胃肠蠕动，促进排便，秋冬季节多吃些还有解燥利尿的作用。

干锅菜花

⏰ 3分钟　🍴 防癌抗癌

🌶 辣　☺ 一般人群

　　白嫩的菜花不仅有一副惹人喜爱的模样，还具有很高的营养价值。菜花与辣椒似乎是一对天生好朋友，在辣椒面前，菜花独特的清香发挥得淋漓尽致，让无数挑剔的胃口为之折服。因此，菜花天生适合川菜。干锅菜花无疑是最出挑的，随着小火加热，锅中菜花散出来的香气越来越浓，热热辣辣的，越吃越香。

材料

菜花	300 克
五花肉片	100 克
干辣椒	7 克
蒜片	5 克
葱段	5 克

调料

盐	2 克
鸡精	1 克
生抽	5 毫升
料酒	5 毫升
高汤	适量
食用油	适量

❶ 将洗净的菜花切成小朵。

❷ 锅中倒入适量清水烧热，加入盐、食用油拌匀。

❸ 放入切好的菜花，焯煮至熟，捞出备用。

做法演示

❶ 热锅注油，倒入五花肉片，炒至出油。

❷ 倒入蒜片、干辣椒翻炒出辣味。

❸ 淋入少许生抽、料酒。

❹ 再倒入菜花，翻炒均匀。

❺ 加入盐、鸡精炒匀调味。

❻ 注入少许高汤，大火煮沸。

❼ 翻炒片刻至入味。

❽ 将锅中材料盛入干锅，撒上葱段即可。

食物相宜

防癌抗癌

菜花

西红柿

预防消化系统疾病

菜花

胡萝卜

小贴士

✿ 菜花用保鲜膜封好置于冰箱中可保存 1 周左右。

✿ 焯西蓝花时水中加盐，可以让西蓝花保持脆的口感，加色拉油可以让西蓝花看起来更油亮。

养生常识

★ 经常食用菜花，可以减少乳腺癌、直肠癌及胃癌等癌症的发病概率。还能够促进人体的新陈代谢，具有清肝的作用。

★ 体内缺乏维生素 K 的人要多吃菜花。尿路结石者忌食菜花。

酸辣萝卜丝

🕐 4分钟	✖ 健脾开胃
🧂 酸	😊 一般人群

　　光从长相上看，白白嫩嫩的萝卜就格外惹人爱，其食用价值更是不一般，谚语就有"冬吃萝卜夏吃姜，不用医生开药方"。这道酸辣萝卜丝选用脆嫩的白萝卜，细丝根根分明，与辣椒、辣椒油充分交融。滋味清淡的白萝卜经过这样一番烹制，味道变得酸辣脆爽，下饭最为合适。

材料		调料	
白萝卜	300克	盐	2克
葱白	5克	鸡精	1克
葱段	5克	白醋	5毫升
红椒丝	20克	辣椒油	适量
		水淀粉	适量
		食用油	适量

❶ 白萝卜去皮洗净，切丝备用。

❷ 热锅注油，放入葱白爆香。

❸ 倒入萝卜丝，翻炒1分钟至熟。

❹ 加入盐、鸡精，炒匀调味。

❺ 倒入红椒丝，炒匀后再加适量白醋翻炒入味。

❻ 倒入辣椒油炒匀。

❼ 加入少许水淀粉勾芡。

❽ 撒入葱段拌炒匀。

❾ 盛入盘内即可。

养生常识

★ 白萝卜含有丰富的植物纤维，可以促进肠胃的蠕动，消除便秘，起到排毒的作用，从而改善皮肤粗糙、粉刺等情况。

★ 白萝卜性偏寒凉而利肠，脾虚泄泻者慎食或少食；胃溃疡、十二指肠溃疡、慢性胃炎、单纯甲状腺肿、先兆流产、子宫脱垂等患者忌吃。

★ 将白萝卜切碎捣烂取汁，加入适量清水用来洗脸，长期坚持，可使皮肤清爽润滑。

清肺热，治咳嗽

白萝卜

＋

紫菜

缓解消化不良

白萝卜

金针菇

补五脏，益气血

白萝卜

＋

牛肉

泡菜炒年糕

⏱ 3分钟　　🍴 开胃消食

🧴 酸　　😊 女性

　　"泡菜炒年糕"绝不仅是韩剧里面的著名小吃，也是川菜里的重要菜品。尽管没有韩国辣酱那么红亮的颜色，四川泡菜的味道绝对一流。泡菜的辣一改年糕的恬淡本性，口味也变得香辣厚重，吃起来能感觉到川菜如火的热情。炒年糕有着"年年高"的吉祥寓意，逢年过节吃起来就格外应景。

材料		调料	
泡菜	200克	盐	2克
年糕	100克	鸡精	1克
葱白	15克	白糖	1克
葱段	15克	水淀粉	适量
		香油	适量
		食用油	适量

❶ 将洗净的年糕切块备用。

❷ 锅中加适量清水烧开，倒入年糕。

❸ 大火煮约4分钟至熟软后，捞出煮好的年糕，沥干水分。

做法演示

❶ 起油锅，倒入葱白、泡菜炒香。

❷ 倒入年糕，拌炒约2分钟至熟。

❸ 加入盐、鸡精、白糖，炒匀调味。

❹ 用少许水淀粉勾芡，再淋入香油炒匀。

❺ 撒入葱段，拌炒匀。

❻ 盛入盘内即成。

小贴士

☺ 年糕受热有时会粘锅，加入以后要不停翻炒，防止粘锅。炒时还应改用小火，使年糕不粘锅的同时，还能吸饱浓稠的汤汁。

☺ 干年糕片事先要浸泡过夜，天气炎热时最好放入冰箱保鲜。

☺ 泡菜本身含有盐，所以盐的用量要控制好，以免太咸。

食物相宜

营养均衡

泡菜

猪肉

开胃消食

泡菜

牛肉

养生常识

★ 年糕的热量较高，是米饭的数倍，因而不宜多吃，少吃不腻，既补充营养，又对身体好。

★ 糯米食品宜加热后食用，冷糯米食品不但很硬，影响口感，更不易消化。

泡椒炒西葫芦

🕐 2分钟　　✖ 清热解毒
🌡 辣　　　　☺ 糖尿病患者

　　在美食领域，西葫芦算是健康食物的代表，不仅可清热利尿、除烦止渴、润肺止咳、消肿散结，而且富含膳食纤维且低脂低钠。相貌平平的西葫芦"脾气"最好，虽然做法很多，却能很快和"横行"川菜界的泡菜成为好朋友，并且一见如故。于是，这道泡椒炒西葫芦就有着醇香而独特的味道，耐人品味。

材料		调料	
西葫芦	300 克	盐	3 克
泡椒	30 克	料酒	4 毫升
红椒	20 克	味精	2 克
姜片	5 克	水淀粉	10 毫升
蒜末	5 克	蚝油	4 毫升
		食用油	适量

❶ 洗净的西葫芦切成片，改切成丝。

❷ 洗好的红椒切成段，改切成丝。

❸ 泡椒切成丁。

做法演示

❶ 用油起锅，倒入姜片、蒜末、红椒、泡椒炒香。

❷ 倒入切好的西葫芦，翻炒片刻。

❸ 加入少许料酒炒香，再加入盐、味精。

❹ 倒入蚝油，拌炒1分钟至入味。

❺ 加入水淀粉勾芡。

❻ 起锅，将炒好的西葫芦盛入盘中即可。

小贴士

- ✪ 选购时，要选择表皮无破损、虫蛀，果实饱满的新鲜西葫芦。
- ✪ 西葫芦不宜保存，存放时间过长会影响口感，建议置于阴凉通风处最多保存1周左右。
- ✪ 西葫芦可炒，可做汤，可做馅料。烹调时不宜煮得太烂，以免营养损失。

食物相宜

补充动物蛋白

西葫芦

鸡蛋

增强免疫力

西葫芦

洋葱

养生常识

★ 西葫芦中含有瓜氨酸、腺嘌呤、天门冬氨酸、巴碱等物质，且含钠盐很低，是公认的保健食品。但是脾胃虚寒的人应少吃。

★ 西葫芦含有较多的维生素C、葡萄糖等其他营养物质，尤其是钙的含量极高。

泡椒炒藕丝

🕐 2分钟　　❌ 益气补血
🌶 辣　　😊 孕产妇

　　当灿烂的荷花凋谢后，鲜美的莲藕走进了食客们的视野。莲藕素以清爽、清香被人所喜爱，在精巧的刀工下，莲藕丝晶莹如玉，白白嫩嫩的模样煞是可爱。红与白向来是最搭配的色彩，火红的酸辣泡椒，搭配脆嫩爽口的藕丝，不仅色泽红亮诱人，吃起来还香脆开胃。另外，泡椒香辣开胃，莲藕清热爽口，也是最为互补的搭配。

材料		调料	
莲藕	200克	盐	3克
灯笼泡椒	50克	味精	3克
青椒	10克	水淀粉	10毫升
红椒	10克	白醋	3毫升
姜片	5克	食用油	适量
蒜末	5克		
葱白	5克		

❶ 洗净的红椒去籽，切成丝。

❷ 洗净的青椒去籽，切成丝。

❸ 去皮洗净的莲藕切薄片，再切成丝。

❹ 将灯笼泡椒对半切开。

❺ 锅中加约 1000 毫升清水烧开，加少许白醋。

❻ 倒入切好的莲藕丝，煮沸后捞出。

做法演示

❶ 用油起锅，倒入姜片、蒜末、葱白爆香。

❷ 加入切好的青椒丝、红椒丝。

❸ 倒入灯笼泡椒炒香。

❹ 倒入焯水后的莲藕翻炒。

❺ 加盐、味精，炒匀调味。

❻ 加入少许水淀粉。

❼ 快速翻炒匀。

❽ 盛出装盘即可。

养生常识

★ 莲藕具有养阴清热、润燥止渴、清心安神的作用。

食物相宜

滋阴血，健脾胃

莲藕

+

猪肉

止呕

莲藕

+

生姜

健脾，开胃

莲藕

+

大米

酸辣藕丁

🕐 3分钟　　✂ 清热解毒

🔲 辣　　😊 一般人群

　　酸辣藕丁，顾名思义，就是吃起来又酸又辣的炒藕丁。把嫩藕切成丁，做成酸辣味，吃起来酸爽脆辣，开胃又下饭，有些像酸辣土豆丝的感觉，但比土豆丁更脆嫩。藕丁的清爽脆嫩加上辣椒的香辣，让整道菜的味道更有层次感，别具一番风味。

材料

莲藕	300克
青椒片	10克
红椒片	10克
姜片	5克
蒜末	5克

调料

盐	3克
白糖	3克
水淀粉	10毫升
白醋	10毫升
味精	1克
辣椒酱	适量
食用油	适量

 ❶ 将去皮洗净的莲藕切成丁。

 ❷ 锅中注入清水烧开，加入少许白醋。

 ❸ 放入藕丁后，加入盐拌匀，煮熟后，捞出藕丁备用。

做法演示

 ❶ 用油起锅，倒入姜、蒜、青椒、红椒爆香。

 ❷ 倒入藕丁炒约 1 分钟。

 ❸ 加入辣椒酱、盐、味精、白糖。

 ❹ 翻炒至入味。

 ❺ 加入适量白醋炒匀。

 ❻ 加入水淀粉。

 ❼ 快速拌炒匀。

 ❽ 盛入盘内即可。

食物相宜

开胃消食

莲藕

青椒

益气补血

莲藕

红枣

小贴士

❂ 选购时，要选择两端的节很细、藕身圆而笔直、用手轻敲声厚实、皮颜色为淡茶色、没有伤痕的莲藕。

❂ 莲藕不易保存，尽量现买现食。

养生常识

★ 莲藕可以消暑清热，是夏季良好的祛暑食物。生莲藕能消淤清热、除烦解渴、止血健胃；熟莲藕补心生血、健脾开胃、滋养强身；莲藕煮汤饮能利小便，清热润肺。在治疗血证方面，它有"活血而不破血，止血而不滞血"的特点。

回锅莲藕

⏲ 3分钟 ✖ 益气补血

🌶 辣 ☺ 一般人群

　　莲藕是川菜的常用食材之一，虽然清淡的做法能让莲藕的鲜香更上一层楼，但这道热辣辣的回锅莲藕却能让人胃口大开。这种口味浓重的做法，从卖相上看也很诱人。这道菜每次都要多做一些，否则还没回过味就已经盘干碗净了……莲藕味甘性凉，有滋阴生津、清热凉血的作用，这道回锅莲藕吃着过瘾，对身体也没有任何负担。

材料

莲藕	350克
红辣椒圈	10克
葱白	5克
葱花	5克

调料

盐	2克
白糖	1克
鸡精	1克
水淀粉	适量
食用油	适量

食材处理

❶ 锅中注入适量水，
放入莲藕，加盖焖煮。

❷ 熟后，捞出莲藕。

❸ 将莲藕改刀切丁。

做法演示

❶ 炒锅热油，先倒入
藕丁翻炒。

❷ 放入红辣椒圈、葱
白炒匀。

❸ 加入盐。

❹ 放入白糖。

❺ 放入鸡精炒匀。

❻ 加少许水淀粉翻炒
片刻。

❼ 撒入葱花。

❽ 出锅装盘即可。

食物相宜

清热明目

莲藕

苦瓜

健脾，开胃

莲藕

大米

小贴士

❀ 莲藕在农历十月后采摘，生食脆美；莲子、莲房 8 ~ 9 月采收，晒
干后脱出种子；莲叶随时可采，晒至八成干时折叠起来，将叶柄朝
上再晒至纯干保存。

养生常识

★ 莲藕是体质虚弱者的理想营养食品，脾胃虚寒者应少食藕。

★ 由于莲藕性偏凉，故产妇不宜过早食用。一般产后 1~2 周后再
吃莲藕，可以逐淤。

★ 莲藕味甘，性凉，主补中焦，可养神、益气力。

宫保茄丁

⏰ 2分钟　　❌ 防癌抗癌
🌶 辣　　😊 肠胃病患者

　　宫保茄丁有着典型的宫保口味，辣辣的，鲜美可口，比宫保鸡丁多了一份鲜美，口感也更加细腻。运用同一种做法，但采用不一样的原料，这就是灵感，就是能够点亮餐桌的创意。茄子是一种极受欢迎的大众菜，很平易，很随和，蒸也可，炖也可，煮也可……

材料

材料		调料	
茄子	300克	盐	2克
花生米	50克	味精	1克
干辣椒	10克	豆瓣酱	适量
大葱	5克	料酒	5毫升
姜片	5克	淀粉	适量
蒜末	5克	水淀粉	适量
		食用油	适量

食材处理

① 将洗净的茄子去皮，切丁。

② 洗净的大葱切丁。

③ 锅中加水烧开，倒入洗好的花生米，加盐煮熟。

④ 捞出煮好的花生米，备用。

⑤ 热锅注油，烧至四成热，倒入花生米。

⑥ 小火炸约2分钟至熟后，捞出。

⑦ 茄丁撒上淀粉拌均匀。

⑧ 将茄丁放入热油锅，小火炸1分钟至金黄色。

⑨ 捞出炸好的茄丁。

做法演示

① 锅留底油，倒入姜片、蒜末、大葱、干辣椒爆香。

② 倒入茄丁，加入盐、味精、豆瓣酱和料酒。

③ 炒匀后，再加入少许清水拌炒入味。

④ 加入水淀粉勾芡。

⑤ 倒入花生米炒匀。

⑥ 盛入盘中即成。

食物相宜

通气顺肠

茄子

+

黄豆

强身健体

茄子

+

牛肉

辣椒炒黄瓜

⏰ 2分钟	✂ 美容养颜
🌡 辣	☺ 女性

　　在炎热的夏季，黄瓜无疑是最清爽的食物。无论是将清爽进行到底的凉拌黄瓜，还是营养美味的滋补黄瓜汤，都将黄瓜的鲜美发挥得淋漓尽致。炒黄瓜也是极为常见的菜品，可用红辣椒炒，也可用青辣椒炒，都是夏天常吃的家常小菜。辣椒的香辣，黄瓜的鲜香，在炒锅中巧妙融合，热辣辣的，吃起来绝对过瘾！

材料		调料	
黄瓜	300克	盐	2克
朝天椒	13克	豆瓣酱	20克
干辣椒	10克	黄豆酱	20克
姜片	5克	味精	1克
蒜末	5克	鸡精	1克
葱白	5克	水淀粉	适量
		食用油	适量

❶ 先把洗净的黄瓜切成6厘米长的段，再切成片。

❷ 把洗净的朝天椒切成圈。

❸ 将切好的黄瓜和朝天椒分别装入盘中。

食物相宜

增强免疫力

黄瓜

+

鱿鱼

做法演示

❶ 用油起锅，倒入洗净的干辣椒、姜片、蒜末、葱白。

❷ 倒入朝天椒炒香。

❸ 倒入黄瓜片翻炒均匀。

排毒瘦身

黄瓜

+

大蒜

❹ 加豆瓣酱、黄豆酱炒匀。

❺ 加少许盐、味精、鸡精，翻炒调味。

❻ 加入少许水淀粉勾芡。

❼ 翻炒片刻至入味。

❽ 盛入烧锅中即成。

养生常识

★ 每天饮用一杯黄瓜汁，能够起到防止头发脱落和指甲劈裂的作用，还能增强人的记忆力。

干煸苦瓜

🕐 3分钟　　✂ 清热解毒
🧂 辣　　　　☺ 一般人群

苦瓜虽苦，却是夏季恩物，清爽的口感和一丝丝苦味正可让夏日人们的胃口复苏。苦瓜虽是清苦之物，但煸出多余水分后，配上辣椒，苦中带辣也是非常下饭的。很多北方人吃不惯苦瓜，但其实苦瓜有很多好处，不仅能清热消暑、消肿解毒，还能预防动脉硬化。苦瓜用自己独一无二的神奇味道，诠释着"好菜苦口利于身"，小味道中是满满的营养。

材料		调料	
苦瓜	250克	盐	2克
朝天椒	250克	鸡精	2克
干辣椒	5克	老抽	3毫升
蒜末	5克	食用油	适量
葱段	5克		

❶ 先将洗净的苦瓜切成条。

❷ 将朝天椒切圈。

❸ 油锅烧至四成热，倒入苦瓜，滑油1分钟捞出。

做法演示

❶ 在锅底留油，倒入蒜末。

❷ 倒入干辣椒，爆香。

❸ 加入朝天椒。

❹ 放入苦瓜炒匀，放盐、鸡精、老抽翻炒至入味。

❺ 撒上葱段拌匀。

❻ 将苦瓜盛入盘中即可。

食物相宜

排毒瘦身

苦瓜

辣椒

延缓衰老

苦瓜

茄子

小贴士

✪ 苦瓜适宜煸炒、凉拌等烹饪方法。苦瓜质地较嫩，不宜炒制过久，以免影响口感。

✪ 苦瓜不宜冷藏，置于阴凉通风处可保存3天左右。

✪ 选购时要挑选颜色青翠、新鲜的苦瓜。

✪ 苦瓜切条后用凉水漂洗，边洗边用手轻轻捏，洗一会儿后换水再洗，如此反复漂洗三四次，苦汁就随水流走了。这样处理过的苦瓜炒熟后味道鲜美，微苦犹甜。

养生常识

★ 苦瓜性寒，脾胃虚寒者不宜食用。

干煸四季豆

🕐 3分钟	✂️ 开胃消食
🧂 辣	😊 一般人群

　　原本清爽恬静的四季豆一改本来面目，便"惊艳"了整张餐桌。干煸四季豆一上桌，一大盘红红绿绿就透着喜庆，浓郁悠长的香气沁人心脾，刺激着你的唇舌为它的到来而蠢蠢欲动。即使胃口不好的人看到它也会食欲大振，若是再来一碗香喷喷的大米饭，幸福指数便会瞬间"爆表"……

材料		调料	
四季豆	300克	盐	3克
干辣椒	3克	味精	3克
蒜末	5克	生抽	3毫升
葱白	5克	豆瓣酱	适量
		料酒	5毫升
		食用油	适量

食材处理

① 四季豆洗净切段。

② 热锅注油，烧至四成热，倒入四季豆。

③ 滑油片刻捞出。

做法演示

① 锅底留油，倒入蒜末、葱白。

② 放入洗好的干辣椒爆香。

③ 倒入滑油后的四季豆。

④ 加盐、味精、生抽、豆瓣酱、料酒。

⑤ 翻炒约 2 分钟至入味。

⑥ 盛出装盘即可。

小贴士

✪ 为防止中毒，四季豆食前应加以处理，要用沸水焯透或热油煸，直到变色熟透方可食用。

✪ 鲜四季豆不宜保存太久，建议现买现食。晒干或经腌渍后保存时间可延长。

✪ 选购四季豆时，应挑选豆荚饱满，肥硕多汁，折断无老筋，色泽嫩绿，表皮光洁无虫痕、具有弹力者。

✪ 四季豆不仅可以单独清炒，还可以和肉类同炖，抑或是焯熟凉拌。

养生常识

★ 夏天多吃一些四季豆有消暑、清口的作用。

★ 一般人群均可食用四季豆。皮肤瘙痒、急性肠炎者更适合食用。

★ 四季豆适宜癌症、急性胃肠炎、食欲不振者食用。

★ 腹胀者不宜食用四季豆。

★ 四季豆的叶酸、维生素 B_6 与同类食物相比高于平均值。

★ 四季豆有抗乙肝病毒的作用。

食物相宜

抗老化

四季豆

香菇

促进骨骼成长

四季豆

花椒

干煸豇豆

与干煸四季豆不同，干煸豇豆比较温和，如果掌控好辣椒的用量，吃起来不会像前者那么上火，口感也更加细腻。这道菜是餐桌上的"明星"，干香浓烈的味道不知迷倒了多少人，佐酒下饭无不合意。此外，辣椒能给寒冬带来温暖和兴致，叫人找不到拒绝的理由，这也是干煸类菜品的独特魅力。

材料

豇豆	300克
朝天椒	20克
干辣椒	15克
花椒	3克
大蒜	8克

调料

盐	3克
味精	1克
陈醋	3毫升
食用油	适量

食材处理

❶ 豇豆洗净切段。

❷ 大蒜洗净切末。

❸ 朝天椒洗净切圈。

做法演示

❶ 热锅注油，烧至五成热时，倒入豇豆拌炒匀。

❷ 小火炸约1分钟至熟捞出。

❸ 锅留底油，倒入蒜末、花椒、干辣椒煸香。

❹ 倒入滑好油的豇豆。

❺ 加入适量盐、味精。

❻ 淋入少许陈醋。

❼ 翻炒至熟透。

❽ 盛入盘内即成。

小贴士

❂ 豇豆的烹制时间宜长不宜短，要保证豇豆完全烹饪至熟透。

❂ 烹调前应将豆筋摘除，否则既影响口感，又不易消化。

养生常识

★ 豇豆是夏天盛产的蔬菜，含有多种维生素和矿物质等。

★ 豇豆有较多的优质蛋白和不饱和脂肪酸，矿物质和维生素含量也高于其他蔬菜。

★ 中医认为，豆类蔬菜的共性是性平、有化湿补脾的作用，对脾胃虚弱的人尤其适合。

食物相宜

明目、润肤、抗衰老

豇豆

+

蘑菇

补中、益气、健脾

豇豆

+

猪肉

补肾脏、健脾胃、润肺爽喉

豇豆

+

菜花

麻婆豆腐

🕐 4 分钟	✖ 开胃消食
🔥 辣	☺ 一般人群

　　"豆腐得味，远胜燕窝"，川菜的麻辣是豆腐的最佳搭档。白嫩的豆腐、深棕色的牛肉末、星星点点的葱花，还有直冲脑门的麻辣鲜香，能满足任何挑剔的食客。豆腐中丰富的蛋白质还能增加饱腹感，让你在寒冬之中感受到别样温暖，在酷暑之中感受另类激情。当然，做好这道菜并不容易，火候、调料一样不能少，而且是慢工细活。

材料

嫩豆腐	500 克
牛肉末	70 克
蒜末	5 克
葱花	5 克

调料

豆瓣酱	35 克
盐	3 克
鸡精	1 克
味精	1 克
辣椒油	适量
花椒油	适量
蚝油	3 毫升
老抽	3 毫升
水淀粉	适量
食用油	适量

❶ 将豆腐切成小块。

❷ 锅中注入 1500 毫升清水烧开，加入盐。

❸ 倒入豆腐煮约 1 分钟至入味，用漏勺捞出备用。

做法演示

❶ 锅置大火上，注油烧热，倒入蒜末炒香。

❷ 倒入牛肉末翻炒约 1 分钟至变色。

❸ 加入豆瓣酱炒香。

❹ 注入 200 毫升清水。

❺ 加蚝油、老抽拌匀。

❻ 加入盐、鸡精、味精炒至入味。

❼ 倒入豆腐。

❽ 加辣椒油、花椒油。

❾ 轻轻翻动，再改用小火煮约 2 分钟至入味。

❿ 加少许水淀粉勾芡。

⓫ 撒入葱花炒匀。

⓬ 盛入盘内，再撒入少许葱花即可。

食物相宜

润肺止咳

豆腐

姜

补脾健胃

豆腐

西红柿

鱼香脆皮豆腐

🕐 4分钟　　❌ 开胃消食
🔥 辣　　😊 一般人群

　　鱼香是川菜的重要味型之一，极受食客喜爱。这道菜看起来红润明亮，吃起来豆腐外表酥脆里面软糯，再加上鱼香味酸甜微辣，真的能让人食欲大增。整道菜看起来香香辣辣，在寒冷的冬季，吃起来暖暖活活，非常适合在全家人围坐在一起，享受团聚的欢愉时食用。

材料

日本豆腐	200克
姜末	15克
大蒜	5克
葱	3克
灯笼泡椒	20克

调料

醋	3毫升
辣椒油	适量
白糖	2克
盐	3克
生抽	5毫升
老抽	2毫升
淀粉	适量
水淀粉	适量
食用油	适量

 **1** 葱洗净，切葱花。

 **2** 灯笼泡椒去蒂，切成末。

 **3** 盘底抹上淀粉，日本豆腐切段，装盘，撒上生粉。

做法演示

 **1** 油锅烧至四五成热时，放入豆腐块炸2分钟至呈金黄色。

 **2** 捞出装盘。

 **3** 锅留底油，放入蒜末、葱末、姜末、泡椒末炒出辣味。

 **4** 加清水、醋、辣椒油、白糖、盐、生抽、老抽、水淀粉调汁。

 **5** 倒入豆腐拌炒匀，煮约1分钟入味，出锅装盘。

 **6** 浇入原汤汁，撒上葱花即成。

小贴士

✪ 日本豆腐买回家后，应立刻放入冰箱冷藏，烹调前再取出。

✪ 日本豆腐虽质感似豆腐，却不含任何豆类成分。

✪ 日本豆腐有降压、化痰、消炎、美容、止吐的作用。

✪ 胃溃疡、胃酸分泌过多者慎食日本豆腐。

✪ 日本豆腐以鸡蛋为主要原料，辅之以纯水、植物蛋白、天然调味料等，经科学配方精制而成，具有豆腐之爽滑鲜嫩以及鸡蛋之美味清香。

食物相宜

补钙

日本豆腐

+

鱼

防治便秘

日本豆腐

+

韭菜

红烧油豆腐

⏱ 4分钟　　✖ 开胃消食
🌡 辣　　　 ☺ 一般人群

　　以油炸方式加工豆腐，外皮金黄、里面嫩滑，比鲜豆腐多了几分厚实。红烧作为常用做菜方法，搭配荤菜、素菜都很相宜。红烧油豆腐色泽金黄，豆香浓郁的油豆腐经过细心烹制，汁多味香，营养丰富又不肥腻，可谓一年四季的养生佳品。

材料		调料	
油豆腐	150克	辣椒酱	15克
干辣椒段	7克	盐	2克
水发香菇	20克	鸡精	1克
葱段	5克	蚝油	3毫升
		高汤	适量
		食用油	适量

❶ 油豆腐对半切开。

❷ 装入盘中备用。

做法演示

❶ 用油起锅，倒入干辣椒段、葱段、水发香菇。

❷ 加入辣椒酱炒香。

❸ 倒入切好的油豆腐，拌炒片刻。

❹ 注入少许高汤，翻炒至油豆腐变软。

❺ 加盐、鸡精、蚝油调味。

❻ 翻炒片刻至熟透。

❼ 将锅中材料盛入砂锅中。

❽ 加盖，置于小火上焖煮片刻。

❾ 撒上少许葱段，关火，端下砂锅即可。

食物相宜

提高免疫力

香菇

青豆

提高免疫力

香菇

猪腰

小贴士

✪ 豆腐不待油热就下锅，才能炸成外脆内软的油豆腐。油豆腐与配料煨的时候，不可加盖，否则豆腐会起泡、生洞。

养生常识

★ 豆腐是老人以及孕、产妇的理想食品，也是儿童生长发育的重要食物。

★ 长得特别大的香菇不要吃，因为它们多是用激素催肥的，大量食用可对机体造成不良影响。

★ 香菇含有 18 种氨基酸，且多属于 L 型氨基酸，活性高、易吸收。

砂锅山药

🕐 5分钟　　✂ 增强免疫力

⚖ 鲜　　😊 一般人群

　　山药自古就是物美价廉的滋补佳品，能健脾益胃、助消化、滋肾气。山药品性软糯，无论是做甜汤，还是炒食，与任何调料搭配都浑然天成。川味豆瓣酱味道浓厚，可为山药提供丰富的味道，让简单的菜也变得特别起来。再加上彩椒、洋葱的搭配，为这道菜增添了丰富的色彩，光看着就很有食欲，吃起来更是对身体大有裨益。

材料		调料	
山药	300克	盐	3克
洋葱片	30克	味精	1克
青椒片	30克	白糖	2克
彩椒片	30克	蚝油	3毫升
姜片	5克	水淀粉	适量
蒜末	5克	白醋	3毫升
葱白	5克	豆瓣酱	适量
		食用油	适量

食材处理

❶ 将去皮洗净的山药切块。

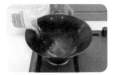

❷ 锅中加清水，放入适量盐。

❸ 倒入山药，加白醋煮约1分钟，捞出煮好的山药。

做法演示

❶ 起油锅，倒入姜片、蒜末、葱白爆香。

❷ 倒入洋葱片、青椒片、彩椒片炒香。

❸ 加豆瓣酱炒香。

❹ 倒入山药炒匀。

❺ 加入盐、味精、白糖、蚝油炒至入味。

❻ 加水淀粉勾芡。

❼ 淋入熟油炒匀。

❽ 将锅中的材料盛入砂锅，置于大火上。

❾ 加上盖，烧开，关火，端下砂锅即可。

食物相宜

预防骨质疏松

山药

+

黑芝麻

补血养颜

山药

+

红枣

小贴士

❂ 山药宜去皮食用，以免产生麻、刺等异常口感。

❂ 选购山药时以洁净、无畸形或分枝、根须少、没有腐烂和虫害、切口处有黏手的黏液，而且较重者为佳。

第3章

浓香肉菜
最下饭

回锅肉、牙签牛肉、红油牛百叶……提起下饭菜，川味肉菜绝对名列前茅。在以香辣味见长的川菜中，肉类食材具有明显优势，与重口味恰到好处的融合，将味道和口感都发挥到了极致。肉的口感很特别，香与辣浓厚却不过分，不仅适合在家庭餐桌上当作下饭菜，还能在酒桌上佐酒。可以说，上至川菜名家，下至街边小店，任何一家餐厅都离不开这些肉类招牌菜。

回锅土豆片

🕐 3分钟　　✖ 开胃消食

🌶 辣　　☺ 一般人群

　　回锅肉是川菜经典菜品，是最适合下饭的川菜之一。回锅肉中可加入适当配菜，加入土豆变成回锅土豆片。从外表上看，这道菜中土豆和肉很难区分，但一入口，吸收了肉香和油脂的土豆片汁味满满，五花肉少了油腻变得更加可口，有谁能抗拒这又香又辣的诱惑呢？所以，土豆堪称"最好吃的回锅肉配菜之一"。

材料

土豆	200 克
五花肉	200 克
青椒	15 克
红椒	15 克
姜片	5 克
蒜末	5 克
葱段	5 克
干辣椒	10 克

调料

盐	2 克
味精	1 克
生抽	3 毫升
豆瓣酱	适量
鸡精	1 克
料酒	5 毫升
水淀粉	适量
芝麻油	适量
食用油	适量

❶ 锅中注入清水，放入洗净的五花肉。

❷ 盖紧盖子用中火煮约 10 分钟。

❸ 将煮熟的五花肉取出沥水。

❹ 装入盘中待凉。

❺ 把五花肉切成片。

❻ 土豆去皮洗净切片。

❼ 青椒洗净，切成小块。

❽ 红椒洗净，切成小块。

❾ 锅中注入清水，加入食用油、盐，拌匀煮沸。

❿ 倒入土豆，煮约 2 分钟至熟。

⓫ 捞出备用。

❶ 用油起锅，倒入五花肉、姜片、蒜末、葱段和干辣椒炒匀。

❷ 倒入生抽炒香。

❸ 倒入青椒、红椒、土豆。

❹ 加入盐、味精、鸡精、豆瓣酱。

❺ 加料酒炒匀入味。

❻ 加少许水淀粉勾芡。

❼ 加点熟油、芝麻油。

❽ 翻炒均匀。

❾ 将炒好的土豆片盛入盘内即可。

炒白菜猪肺

🕐 4分钟　　✂ 养心润肺

⬜ 咸　　　☺ 老年人

　　百菜不如白菜，大白菜是最常见的蔬菜，平价又营养。"以形养形"，猪肺是滋阴养肺的好食材，具有润肺化痰、降气止咳的作用。白菜配猪肺加入红椒片，炒成混搭风格的下饭菜，一口麻辣鲜香的猪肺，一口清淡脆嫩的大白菜，冰火两重天的味觉感受恐怕只有爱的人才能体会到吧！

材料		调料	
大白菜	250克	盐	3克
猪肺	200克	味精	1克
红椒片	20克	白糖	2克
蒜末	5克	料酒	5毫升
姜片	5克	鸡精	2克
葱白	5克	水淀粉	适量
		豆瓣酱	适量
		老抽	3毫升
		食用油	适量

❶ 将洗好的白菜切成段。

❷ 把洗净的猪肺切成块。

❸ 锅中倒入清水烧开，加食用油和盐。

❹ 倒入白菜。

❺ 煮沸后捞出。

❻ 倒入猪肺，加入少许料酒，煮约 5 分钟至熟捞出。

做法演示

❶ 炒锅热油，再倒入白菜。

❷ 加料酒、盐、味精、鸡精炒匀。

❸ 倒入水淀粉炒匀。

❹ 盛出已炒好的白菜备用。

❺ 另起锅，注油烧热，倒入蒜末、姜片、葱白、红椒片爆香。

❻ 倒入猪肺，加入少许料酒拌炒香。

❼ 加入 盐、味精、白糖、豆瓣酱和老抽调味。

❽ 加入少许水淀粉，快速拌炒均匀。

❾ 将炒好的猪肺盛在白菜上即可。

食物相宜

改善咳嗽症状

猪肺

＋

白萝卜

改善咯血症状

猪肺

＋

白芨

小贴士

✪ 猪肺一定要洗至发白才能用于烹饪。

辣椒炒猪肺

🕐 3分钟　　✖ 养心润肺
🍶 辣　　　　☺ 男性

　　做菜最大的魅力就是用简单到不能再简单的食材，经过看似随意的烹制，做出一道充满爱意的美食。辣椒炒猪肺最大的特色是麻辣鲜香，让人一口下去就爱上，就像妈妈亲手做出的味道。很多时候，只要用心、用爱，简单的也可以是美味的。

材料

猪肺	200 克
青椒片	20 克
红椒片	20 克
蒜苗段	15 克
姜片	5 克

调料

盐	2 克
味精	1 克
老抽	3 毫升
蚝油	3 毫升
料酒	5 毫升
豆瓣酱	适量
水淀粉	适量
食用油	适量

食材处理

❶ 将洗净的猪肺切成片。

❷ 锅中注水烧开，倒入猪肺。

❸ 加盖焖煮 5 ~ 6 分钟至熟，捞出沥干。

做法演示

❶ 热锅注油，倒入蒜苗、豆瓣酱、姜片和青椒、红椒爆香。

❷ 倒入猪肺。

❸ 加入少许料酒炒香。

❹ 加入老抽、蚝油、少许盐和味精炒匀，煮片刻至入味。

❺ 加入适量水淀粉勾芡，淋入熟油拌匀。

❻ 盛入盘中即成。

食物相宜

改善咳嗽症状

猪肺

白萝卜

改善咯血症状

猪肺

➕

白芨

小贴士

☻ 清洗猪肺的方法：

1. 将猪肺气管对着水龙头灌水，待肺膨胀后用手使劲挤，将灌进去的水通过小气管挤出来，重复几次。

2. 将猪肺切片，放少许面粉和水，用手反复揉搓将猪肺的附着物搓掉，然后用清水冲洗。

3. 倒清水至淹过猪肺片，再加适量白醋浸泡 15 分钟，以辟腥、杀菌。

4. 烧开水，放入猪肺片煮 5 分钟，将肺内脏物逼出。

养生常识

★ 便秘、痔疮患者不宜多食猪肺。

★ 猪肺与鱼腥草相配，具有消炎解毒、滋阴润肺的作用。

★ 中医认为，猪肺味甘、性平，入肺经，具有补肺、止咳、止血的作用。主治肺虚咳嗽、咯血等证。

陈皮牛肉

🕐 4分钟　　❌ 增强免疫力

🔥 辣　　😊 一般人群

　　有的时候，一点小变通就能给我们带来额外的惊喜。陈皮的加入，让这道家常小炒有了与众不同的味道。酥软的牛肉麻辣回甜、色泽红亮，加上陈皮的香味，使这道菜极受欢迎。作为川菜中的经典，陈皮牛肉的魅力还在于它药食两用，助于止咳化痰、生津开胃、顺气消食。

材料

牛肉	350 克
陈皮	20 克
蒜苗段	50 克
红椒片	25 克
姜片	5 克
蒜末	5 克
葱白	5 克

调料

盐	3 克
味精	1 克
淀粉	适量
生抽	3 毫升
蚝油	3 毫升
白糖	2 克
料酒	5 毫升
辣椒酱	适量
水淀粉	适量
食用油	30 毫升

食材处理

❶ 将洗净的牛肉切成片。

❷ 肉片加入盐、味精、淀粉、生抽拌匀。

❸ 加入少许食用油，腌渍 10 分钟。

做法演示

❶ 热锅注油，烧至五成热后，放入牛肉片拌匀。

❷ 滑油片刻后捞出牛肉片备用。

❸ 锅留底油，倒入姜片、蒜末、葱白、爆香。

❹ 倒入陈皮、红椒、蒜梗，炒香。

❺ 倒入牛肉片，加入盐、蚝油、味精、白糖。

❻ 放入料酒、辣椒酱，翻炒约1分钟至入味。

❼ 加入少许水淀粉勾芡。

❽ 撒上蒜苗叶，淋入少许熟油炒匀。

❾ 装好盘即可食用。

小贴士

✿ 新鲜牛肉有光泽，肌肉呈红色且色泽均匀；肉的表面微干或湿润，不黏手。

✿ 牛肉不易熟烂，烹饪时放少许山楂、橘皮或茶叶有利于熟烂。

食物相宜

延缓衰老

牛肉

鸡蛋

健脾养胃

牛肉

洋葱

养血补气

牛肉

枸杞子

铁板牛肉

🕐 15分钟		✖ 增强免疫力	
🔥 辣		😊 男性	

　　吃出来的感情是难以忘怀的，就像学校门口的铁板料理，总是让人怀念不已。铁板牛肉这道菜并不复杂，只要将牛肉简单翻炒，再配些白菜和调味料，像样的牛肉小炒就做成了。当然，做完后，将牛肉放到铁板上，吱啦作响、香香辣辣，在家也能做出大饭店的味道。如果家中没有专门的铁板，也可以用平底锅代替。

材料

牛肉	400克
蒜薹	60克
朝天椒	25克
大白菜叶	30克
姜片	5克
蒜末	5克
葱白	5克

调料

盐	3克
生抽	3毫升
味精	1克
白糖	2克
淀粉	适量
料酒	5毫升
蚝油	3毫升
辣椒酱	适量
水淀粉	适量
食用油	适量

❶ 将洗净的牛肉切片。

❷ 洗净的蒜薹切粒。

❸ 洗净的朝天椒切圈。

❹ 牛肉片加入盐、生抽、味精、白糖拌匀。

❺ 加入淀粉拌匀。

❻ 加入食用油，腌渍10分钟。

❼ 锅中注入清水烧开，加入少许食用油。

❽ 倒入白菜叶，拌匀。

❾ 焯至熟软后捞出备用。

❿ 倒入蒜薹。

⓫ 焯煮片刻捞出。

⓬ 倒入牛肉，拌匀，余煮片刻捞出。

做法演示

❶ 热锅注油，烧至五成热，放入牛肉。

❷ 滑油至变色捞出。

❸ 锅底留油，倒入姜片、蒜末、葱白和部分蒜薹、朝天椒爆香。

❹ 倒入牛肉，淋入少许料酒炒香。

❺ 加盐、味精、生抽、蚝油翻炒至入味。

❻ 加入辣椒酱炒至入味。

❼ 加入少许水淀粉和熟油炒匀。

❽ 将大白菜铺在抹有食用油的平锅底上。

❾ 将炒好的牛肉盛入平锅里。

❿ 撒上剩余的朝天椒圈和蒜薹。

⓫ 置于旺火上烧热。

⓬ 取下后食用即可。

辣椒黄瓜炒牛肉

🕐 13分钟　　✂ 益气补血

🏷 辣　　😊 一般人群

　　辣的食物总能让人胃口大开，朝天椒就是非常开胃的一种食物。朝天椒与牛肉炒在一起，荤素搭配、营养均衡。在这道菜中，辣椒与牛肉是绝配，味道相互融合，加上黄瓜丁，滋味浓郁、色泽诱人。一上桌就吸引着众人的目光，吃起来更是香辣有劲，牛肉的嫩和韧发挥得淋漓尽致，唇齿间还萦绕着黄瓜丁的清爽滋味，就像初恋的味道。

材料

牛肉	300 克
黄瓜	150 克
朝天椒	20 克
姜片	5 克
蒜末	5 克
葱白	5 克

调料

盐	3 克
味精	1 克
辣椒酱	20 克
蚝油	4 毫升
料酒	15 毫升
生抽	3 毫升
鸡精	1 克
芝麻油	适量
水淀粉	适量
食用油	适量

❶ 把去皮洗净的黄瓜切成丁。

❷ 洗净的朝天椒切成圈。

❸ 洗净的牛肉切成丁，装入碗中备用。

❹ 加入少许盐、味精、生抽，拌匀。

❺ 加入少许水淀粉、食用油拌匀，腌渍10分钟。

❻ 油锅烧至五成热，倒入牛肉丁，滑油至转色捞出。

做法演示

❶ 锅留底油，下入姜片、蒜末、葱白、朝天椒炒香。

❷ 倒入黄瓜丁炒匀。

❸ 倒入滑油后的牛肉丁。

❹ 加料酒、盐、味精、蚝油、鸡精炒匀。

❺ 加辣椒酱炒匀。

❻ 加入少许水淀粉勾芡。

❼ 淋入少许芝麻油。

❽ 在锅中翻炒片刻。

❾ 盛出装盘即可。

食物相宜

排毒止痛

牛肉

南瓜

降低血压

牛肉

芹菜

浓味小炒牛肉

⏱ 13分钟	✗ 增强免疫力
🌶 辣	☺ 男性

牛肉与辣椒是一对很好的搭档。辣椒可以除掉牛肉的腥味；而牛肉可以令辣椒吃起来味道不那么单调。辣椒通常都是餐桌上的重要调料或配菜，但辣椒在这道菜中却是主料的一部分。对于那些不吃辣的食客来说，用甜椒替代，也是一个不错的选择。

材料

牛肉	300克
青椒	15克
红椒	15克
辣椒面	6克
姜片	5克
蒜末	5克
葱白	5克

调料

盐	3克	水淀粉	适量
生抽	3毫升	食用油	适量
淀粉	适量		
味精	1克		
料酒	5毫升		
鸡精	1克		
蚝油	3毫升		
老抽	3毫升		
花椒油	适量		
辣椒油	适量		

食材处理

❶ 将洗净的牛肉切成大块，切成片。

❷ 将洗净的红椒切成片。

❸ 将洗净的青椒切成块。

❹ 牛肉片加入少许生抽、味精、盐拌匀。

❺ 加淀粉，淋入食用油拌匀，腌渍10分钟。

❻ 锅中加入水，淋入少许食用油拌匀，倒入青椒、红椒拌匀。

❼ 煮沸后即可捞出。

❽ 热锅注油，烧至五成热，倒入牛肉拌匀。

❾ 滑油片刻捞出。

做法演示

❶ 锅留底油，入姜片、蒜末、葱白、辣椒面炒香。

❷ 倒入青椒、红椒炒匀。

❸ 倒入牛肉，加盐、鸡精、蚝油、老抽调味。

❹ 放料酒、花椒油、辣椒油翻炒1分钟至熟透。

❺ 加少许水淀粉勾芡。

❻ 装好盘即可。

食物相宜

补益脾胃

牛肉

+

土豆

强身健体

牛肉

+

冬笋

双椒炒牛肉

⏱ 13分钟　　✂ 增强免疫力

⚖ 辣　　☺ 一般人群

有时候，食物带给我们的愉悦已并非来自食物本身，而是源自一段曾经的记忆，简单到如一份双椒炒牛肉。牛肉与辣椒的关系已得到印证，而在菜中加入彩椒，不仅为这道菜增加了一抹亮丽的色彩，还提供了更多的维生素和矿物质，口感也变得与众不同起来。

材料		调料	
牛肉	200克	盐	3克
青椒	20克	水淀粉	10毫升
红椒	20克	味精	5克
小米泡椒	35克	淀粉	3克
姜片	5克	生抽	3毫升
蒜末	5克	料酒	3毫升
葱段	3克	蚝油	3毫升
葱叶	3克	豆瓣酱	适量
		食用油	适量

❶ 将泡椒切段。

❷ 将洗净的红椒切圈。

❸ 将洗净的青椒切圈。

❹ 将洗净的牛肉切片。

❺ 牛肉片加少许淀粉、生抽、盐、味精拌匀。

❻ 加少许食用油拌匀，腌渍 10 分钟。

❼ 锅中加约 1000 毫升清水烧开，倒入牛肉，搅散，至变色。

❽ 将煮好的牛肉捞出沥水。

❾ 热锅注油，烧至五成热，倒入牛肉，搅散，滑油片刻捞出。

做法演示

❶ 锅底留油，倒入姜片、蒜末、葱段。

❷ 加入青椒、红椒、泡椒炒香。

❸ 倒入滑油后的牛肉片。

❹ 加盐、料酒、味精、蚝油、豆瓣酱炒匀。

❺ 加水淀粉勾芡。

❻ 倒入葱叶炒匀。

❼ 加入少许熟油。

❽ 翻炒匀至入味。

❾ 盛出装盘即可。

食物相宜

健脾养胃

牛肉

青椒

补脾胃，强筋骨

牛肉

土豆

养血补气

牛肉

枸杞子

牙签牛肉

⏰ 2分钟		✖ 保肝护肾	
🔅 辣		😊 一般人群	

　　美食在手，口口相传，这正是牙签牛肉的魅力。这道菜看似复杂，做起来却并不困难。鲜嫩的牛肉串在牙签上吃起来更加方便随意，浓郁的香辣味道更能将每个人的食欲激发到顶点。不爱吃辣的人，也可以选用孜然替代辣椒和花椒，同样非常美味。

材料		调料	
牛肉	200 克	盐	3 克
牙签	适量	味精	1 克
干辣椒	15 克	豆瓣酱	适量
花椒	5 克	料酒	5 毫升
葱	15 克	水淀粉	适量
生姜块	30 克	花椒粉	适量
		孜然粉	适量
		白芝麻	适量
		食用油	适量

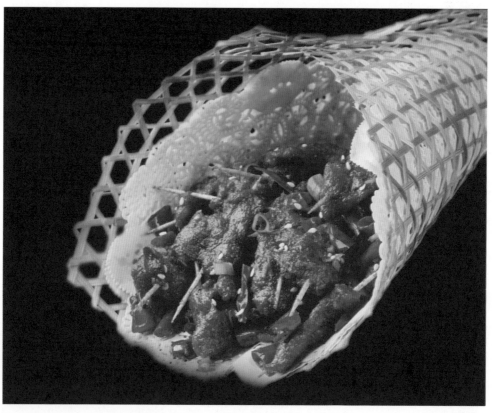

① 将牛肉洗净切薄片。

② 将生姜去皮、洗净、切成末。

③ 葱洗净，取部分切葱花，剩下的和生姜、料酒制成葱姜酒汁。

④ 将葱姜酒汁倒在牛肉上，加盐、味精、水淀粉拌匀腌渍。

⑤ 用竹签将牛肉串成波浪形。

⑥ 装入盘中备用。

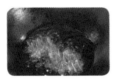

⑦ 热锅注油，烧至六成热，倒入牛肉串。

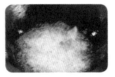

⑧ 炸约1分钟至熟，捞出。

做法演示

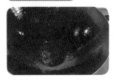

① 锅留底油，先倒入花椒炸香。

② 放入干辣椒炒出辣味，再放入姜末煸香。

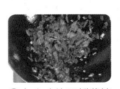

③ 加入少许豆瓣酱拌匀，倒入炸好的牛肉。

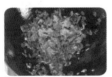

④ 撒入孜然粉、花椒粉。

⑤ 将牛肉翻炒均匀。

⑥ 出锅装入盘中，撒上白芝麻、葱花即可。

食物相宜

延缓衰老

牛肉

西红柿

增加免疫力

牛肉

香菇

泡椒炒牛肉

⏱ 2分钟　　🔪 益气补血
🌶 辣　　　　😊 一般人群

　　在品尝山珍海味、大鱼大肉之后，朴素静雅的泡椒显得尤为可爱。用自己做的泡椒，配上新鲜的牛肉，再加上一点大蒜、姜片、香葱段、青椒、红椒，一份香、辣、嫩、酸的泡椒炒牛肉就成了。这道菜酸辣爽口、肥而不腻，看到它，你一定会不顾及什么矜持、淑女形象，拿起碗筷大快朵颐一番。

材料

牛肉	200 克
灯笼泡椒	20 克
青泡椒	20 克
泡菜	适量
朝天椒末	适量
生姜片	5 克
蒜片	5 克
葱白	3 克
葱段	3 克

调料

盐	适量
料酒	适量
生抽	适量
水淀粉	适量
食用油	适量

食材处理

❶ 灯笼泡椒对半切开；牛肉洗净，切成薄片。

❷ 肉片加盐、料酒、水淀粉、食用油拌匀腌渍。

❸ 热锅注油，倒入牛肉片，滑油至断生后捞出。

做法演示

❶ 锅留底油，倒入姜片、蒜片、葱白煸香。

❷ 倒入泡椒、泡菜和朝天椒末，翻炒出辣味。

❸ 倒入牛肉片翻炒至熟。

❹ 加少许生抽拌匀。

❺ 撒入葱段，翻炒匀。

❻ 盛出装盘即可。

小贴士

- ✪ 炒牛肉忌加碱，因为当加入碱时，氨基酸就会与碱发生反应，使蛋白质因沉淀变性而失去营养价值。
- ✪ 可将新鲜牛肉放在 1% 的醋酸钠溶液里浸泡一小时，然后取出，一般可存放三天。
- ✪ 牛肉瘦肉多、脂肪少，是高蛋白质、低脂肪的优质肉类食品。
- ✪ 将牛肉的表面涂抹一层色拉油，然后装进密封容器中，这样可让牛肉保鲜很久。

食物相宜

排毒止痛

牛肉

南瓜

降低血压

牛肉

芹菜

朝天椒炒牛肉丁

🕐 2分钟　　✖ 开胃消食

🔥 辣　　　😊 一般人群

　　这道菜的香源自朝天椒和多种调料一起烹炒，让牛肉丁具有独特的香中带辣的特征。朝天椒将牛肉丁的鲜美发挥得淋漓尽致，肚子饿的时候单就着它可以吃下三碗饭。对于不太能吃辣的人来说，可以将朝天椒先下入油锅炒至熟透，再放入牛肉丁炒匀。

材料

牛肉	200克
朝天椒	30克
生姜片	5克
蒜末	5克
葱花	5克

调料

盐	3克
白糖	2克
料酒	5毫升
味精	1克
辣椒油	适量
蚝油	3毫升
水淀粉	适量
辣椒酱	适量
淀粉	适量
食用油	适量

❶ 将牛肉洗净，切成丁。

❷ 将朝天椒洗净，切小段。

❸ 牛肉加盐、白糖、料酒、水淀粉、淀粉拌匀腌渍。

❹ 热锅注油，倒入腌好的牛肉块，用锅勺拌匀。

❺ 炸约1分钟至断生后捞出装盘。

做法演示

❶ 锅留底油，烧热。

❷ 倒入生姜片、蒜末煸炒香。

❸ 加入辣椒酱、朝天椒段翻炒出辣味。

❹ 倒入牛肉块炒至熟透，加盐、味精、蚝油、辣椒油调味。

❺ 炒匀装盘即可。

食物相宜

排毒止痛

牛肉

南瓜

降低血压

牛肉

芹菜

养生常识

★ 有皮肤病、肝病、肾病的人最好不要吃牛肉。

★ 鲜牛肉稍有肉腥味属正常，较次的肉有一股氨味或酸味。

辣炒牛肉

- 🕐 3分钟
- ✖ 增强免疫力
- ⚖ 辣
- ☺ 男性

　　与其他肉类相比,牛肉的营养更加丰富。运用川菜制法,加入洋葱、胡萝卜、青椒等配菜,美味的辣炒牛肉就出锅了。做菜就像生活,五味调和方显本色。这道菜所有食材都很朴素,"貌相"简单,但味道层次突出,就像每天的生活一样,鲜甜辣咸酸五味俱全。

材料

牛肉	200 克
洋葱	100 克
胡萝卜	80 克
干辣椒	7 克
青椒	20 克
姜片	5 克
蒜末	5 克
葱白	5 克

调料

盐	3 克
味精	2 克
鸡精	2 克
蚝油	3 毫升
生抽	5 毫升
辣椒油	适量
淀粉	适量
水淀粉	适量
食用油	适量

❶ 将洋葱洗净切片；去皮洗净的胡萝卜切成片。

❷ 将洗净的牛肉切成片。

❸ 牛肉片中加入淀粉、生抽、味精、盐、水淀粉拌匀。

❹ 倒入少许食用油腌渍 10 分钟入味。

❺ 锅注油烧热，倒入青椒、胡萝卜、洋葱，滑油后捞出。

❻ 倒入牛肉片，滑油至断生捞出。

做法演示

❶ 锅留底油，下入蒜末、姜片、葱白、干辣椒爆香。

❷ 倒入青椒、胡萝卜、洋葱炒片刻。

❸ 倒入牛肉炒匀，加入盐、味精、鸡精、蚝油炒入味。

❹ 加入辣椒油翻炒 1 分钟至熟。

❺ 用少许水淀粉勾芡炒匀。

❻ 盛入盘内即可。

小贴士

✿ 选购洋葱时以球体完整、没有裂开或损伤，表皮完整光滑，外层保护膜较多的为佳。

✿ 洋葱不宜烧得过老，以免破坏其营养物质。

食物相宜

舒压平压

牛肉

芹菜

温阳、理气

牛肉

胡萝卜

增强免疫力

牛肉

金针菇

芹菜泡椒牛肉

⏱ 5分钟　　✖ 益气补血
🔥 辣　　　　😊 女性

芹菜富含多种维生素、矿物质，大量的膳食纤维，不仅能为身体提供营养，还能促进肠胃蠕动。芹菜独一无二的香味让它成为蔬菜中的佼佼者，无论是单独食用，还是作为配菜，它都会出尽风头。在芹菜泡椒牛肉中也不例外。但主角牛肉丝让这道菜营养更均衡，口感也变得愈加丰富。另外，芹菜与牛肉的搭配，还能降低血压，对心脑血管患者有益。

材料		调料	
芹菜	100克	淀粉	适量
泡椒	60克	生抽	3毫升
牛肉	20克	盐	3克
红椒丝	20克	味精	1克
姜丝	5克	水淀粉	适量
		辣椒酱	适量
		料酒	5毫升
		食用油	适量

① 先将洗净的牛肉切成丝。

② 将洗好的芹菜切段。

③ 将泡椒对半切开。

④ 牛肉加淀粉、生抽、盐、味精、水淀粉、食用油拌匀腌渍。

⑤ 在锅中注入清水烧开。

⑥ 倒入牛肉氽至断生捞出。

做法演示

① 热锅注油，烧至四成热。

② 倒入牛肉，滑油至熟捞出。

③ 锅留底油，倒入红椒丝、姜丝炒香。

④ 加入芹菜、泡椒炒匀。

⑤ 倒入牛肉，加料酒炒香。

⑥ 加辣椒酱、盐、味精翻炒入味。

⑦ 用水淀粉勾芡。

⑧ 淋入熟油拌炒至均匀。

⑨ 盛出装入盘中即可食用。

食物相宜

降低血压

芹菜

+

西红柿

美容养颜，抗衰老

芹菜

+

核桃

黑椒牛仔粒

🕐 7分钟　　✗ 提神健脑
🗚 咸　　　　☺ 一般人群

　　无论什么时候，生活都离不开美食。这样一盘色彩丰富、味道鲜美、做法又简单的美食，每次上桌都是一个小惊喜。牛肉本是一副质朴敦厚、鲜嫩的模样，腌渍过后香味浓郁，搭配青椒片、红椒片、洋葱等增色增味的蔬菜，好吃到根本停不了口。"人靠衣装马靠鞍"，美食也离不开装饰，在白色瓷盘上垫上青翠的生菜叶，再放上黑椒牛肉粒，让这道菜立马就有了大饭店的感觉。

材料		调料		胡椒粉	适量
牛肉	300克	生抽	3毫升	食用油	适量
姜片	5克	盐	2克		
蒜末	5克	味精	1克		
葱段	5克	淀粉	适量		
黑胡椒	少许	番茄汁	适量		
红椒片	20克	白糖	2克		
青椒片	20克	蚝油	3毫升		
洋葱片	20克	料酒	5毫升		
		老抽	3毫升		
		水淀粉	适量		

食材处理

❶ 将洗净的牛肉切成粒，装入碗中备用。

❷ 加入生抽、盐、味精、淀粉、黑胡椒、食用油腌渍。

❸ 锅中加水烧开，倒入牛肉汆至断生，捞出。

做法演示

❶ 热锅注油，烧至四成热。

❷ 倒入牛肉粒，滑油至熟捞出。

❸ 锅留底油，下入蒜末、姜片、胡椒粉、葱、青红椒、洋葱。

❹ 倒入牛肉粒，再加入料酒炒香。

❺ 放入番茄汁、盐、味精、白糖翻炒入味。

❻ 加蚝油、老抽上色。

❼ 用水淀粉勾芡。

❽ 盛出即可。

小贴士

✪ 煮老牛肉的前一天晚上，在牛肉上涂一层芥末，第二天用冷水冲洗干净后下锅煮，煮时再放点酒、醋，这样处理之后老牛肉容易煮烂，而且肉质会变嫩，色佳味美、香气扑鼻。

食物相宜

排毒止痛

牛肉

南瓜

养心安神

牛肉

人参

强肾补虚

牛肉

秋葵

泡椒牛肉丸花

🕐 3分钟	✂ 开胃消食
🔺 辣	☺ 一般人群

　　与牛肉相比，牛肉丸少了筋膜，口感变得细腻，而且容易消化，更适合口齿不好的老年人食用。在牛肉丸上切十字刀花，可使其更易入味，也能增加卖相。用川菜中特有的泡椒来烹制牛肉丸，牛肉丸的香味与泡椒中的乳酸菌充分融合，使这道菜具有独一无二的口感和滋味。

材料		调料	
牛肉丸	200克	盐	2克
泡椒	100克	味精	1克
姜片	10克	料酒	5毫升
葱段	10克	水淀粉	适量
		芝麻油	适量
		食用油	适量

❶ 将洗好的牛肉丸切上十字花刀。

❷ 锅中注入食用油烧热，倒入牛肉丸。

❸ 滑油片刻后捞出牛肉丸。

做法演示

❶ 锅留底油，倒入姜片、葱段炒香。

❷ 放入牛肉丸拌炒均匀。

❸ 倒入泡椒，拌炒1分钟至牛肉丸熟透。

❹ 加入盐、味精和料酒调味。

❺ 加入少许水淀粉勾芡。

❻ 加入芝麻油。

❼ 快速翻炒均匀。

❽ 起锅，将做好的泡椒牛肉丸花盛入盘中即成。

小贴士

✪ 料酒的主要功能在于去腥、增鲜，其主要适用于肉、鱼、虾、蟹等荤菜的烹调，所以制作蔬菜时没有必要放入料酒。

养生常识

★ 芝麻油中含有一定数量的维生素 E 和芝麻酚、芝麻酚林等物质，这些物质的抗氧化能力极强。

★ 料酒可以增加食物的香味，去腥解腻，同时，它还富含多种人体必需的营养成分，甚至还可以减少烹饪对蔬菜中叶绿素的破坏。

食物相宜

清热和胃，
降逆止呕

姜

甘蔗

可治夏季
胃肠不适

姜

藕

补脾，养血，
安神，解郁

姜

红茶

金针肥牛锅

🕐 8分钟		✂ 提神健脑	
🧂 鲜		🙂 一般人群	

　　生活往往存在多种可能性，食物的搭配也是如此。金针肥牛锅是一道类似小火锅的快手菜，苗条白嫩的金针菇充分吸收了肉的香味，肥牛被香浓的汤汁包裹得严严实实，相得益彰。美食之于吃货，不仅是饱腹之需，更是对自我的取悦。做这样一道美味锅子，可比在外面直接吃涮肉所摄入的热量低很多。

材料

肥牛卷	200 克
金针菇	100 克
蒜末	5 克
姜片	5 克
青椒片	20 克
红椒片	20 克
洋葱片	20 克
蒜苗段	20 克

调料

盐	3 克
鸡精	2 克
蚝油	5 毫升
老抽	6 毫升
料酒	5 毫升
食用油	适量

❶ 热锅倒入食用油，放入蒜末、姜片爆香。

❷ 倒入青椒片、红椒片、洋葱片。

❸ 放入洗净的金针菇炒匀。

❹ 加入料酒、蚝油。

❺ 注入少许清水炒匀。

❻ 加盐、鸡精、老抽调味。

❼ 放入肥牛卷。

❽ 拌煮至熟。

❾ 倒入蒜苗段拌匀。

❿ 淋入少许食用油拌匀。

⓫ 将煮好的材料转至干锅即成。

小贴士

✿ 金针菇食用方式多样，可清炒、煮汤、凉拌，也是火锅的原料之一。

✿ 金针菇宜熟食，不宜生吃。

✿ 变质的金针菇不能吃。

✿ 选购时要选择新鲜无异味的金针菇。

✿ 金针菇用保鲜膜封好放置在冰箱中可存放 1 周。

养生常识

★ 金针菇中含有一种叫朴菇素的物质，能增强机体对癌细胞的抗御能力，常食金针菇还能降胆固醇，预防肝脏疾病和胃溃疡，补充机体正气，防病健身。

★ 食用金针菇具有抵抗疲劳、抗菌消炎、清除重金属盐类物质、抗肿瘤的作用。

食物相宜

降脂降压

金针菇

+

豆腐

健脑益智

金针菇

+

鸡肉

增强免疫力

金针菇

+

西蓝花

金汤肥牛

🕐 3分钟	⚔ 养心润肺
⚖ 鲜	☺ 女性

　　色泽漂亮的食物能轻易吸引食客的眼光，故而色泽金黄的南瓜就格外受到宠爱。饭店常用南瓜来做汤底，它宜荤宜素，颜色漂亮，且不抢味，称为"金汤"。黄灿灿的金汤肥牛初上桌就能吸引众人目光，同时也给人带来了令人惊喜的味道。肥牛滋味浓郁，辣椒圈加入得恰到好处，可谓川菜爱好者的福利。

材料

熟南瓜	300克
肥牛卷	200克
朝天椒圈	20克

调料

盐	3克
味精	1克
鸡精	2克
水淀粉	适量
料酒	5毫升
食用油	适量

❶ 熟南瓜装入碗内，加少许清水，将南瓜压烂拌匀。

❷ 滤出南瓜汁备用。

❸ 锅中加清水烧开，倒入肥牛卷拌匀，煮沸后捞出。

做法演示

❶ 起油锅，倒入肥牛卷，加入料酒炒香。

❷ 倒入南瓜汁。

❸ 加盐、味精、鸡精调味。

❹ 加入水淀粉勾芡，淋入熟油拌匀。

❺ 烧煮约1分钟至入味。

❻ 盛出装盘，用朝天椒点缀即可。

小贴士

❀ 南瓜营养丰富，特别适合炖食。

❀ 吃南瓜前一定要仔细检查，如果发现表皮有溃烂之处，或切开后散发出酒精味等，则不可食用。

❀ 选购时要选择个体结实、表皮无破损、无虫蛀的南瓜。

❀ 南瓜置于阴凉通风处，可保存1个月左右。

食物相宜

延缓衰老

牛肉

+

鸡蛋

健脾养胃

牛肉

+

洋葱

养生常识

★ 南瓜适宜中老年人和肥胖者食用。

★ 脚气、黄疸患者忌食南瓜。

姜丝爆牛心

🕐 3分钟　　✖ 增强免疫力

🍶 鲜　　　　☺ 女性

　　不同的食材所含有的营养是不同的，在选择的时候应更有针对性。在众多食材中，牛心含有丰富的蛋白质、维生素和矿物质，具有健脑、明目、温肺、益肝、补虚等作用。在这道菜中，鲜嫩的姜丝不再仅仅是调料，还是重要的配菜，与辣椒一起，让牛心的细嫩全然发挥出来。它们的默契配合，让这道菜具有了特殊的风味。

材料

牛心	250克
生姜	30克
青椒	10克
红椒	10克
蒜末	5克

调料

盐	3克
白糖	1克
味精	1克
蚝油	3毫升
生抽	3毫升
料酒	5毫升
淀粉	适量
水淀粉	适量
食用油	适量

❶ 把去皮洗净的生姜切薄片，再切成丝。

❷ 把洗净的红椒切成丝。

❸ 把洗净的青椒切成丝。

❹ 将洗净的牛心切成片。

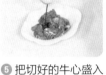

❺ 把切好的牛心盛入碗中，加少许料酒、盐、味精、生抽，拌匀。

❻ 加少许淀粉，拌匀，腌渍10分钟。

❼ 锅中加适量清水烧开，倒入腌渍好的牛心，搅散。

❽ 汆至转色后，捞出备用。

做法演示

❶ 用油起锅，放入蒜末、姜丝爆香。

❷ 倒入牛心，翻炒匀。

❸ 淋入少许料酒，炒香。

❹ 加红椒丝、青椒丝。

❺ 加盐、味精、白糖、蚝油、生抽炒匀。

❻ 加入少许水淀粉勾芡。

❼ 翻炒片刻至入味。

❽ 盛出装盘即成。

食物相宜

清热和胃，
降逆止呕

姜

＋

甘蔗

可治夏季
胃肠不适

姜

＋

藕

补脾，养血，
安神，解郁

姜

＋

红茶

青椒炒牛心

　　吃货最大的乐趣就是发现美食，只要用心，朴素的食材也可以变身美味佳肴。牛心的臊味重，清洗时宜用流动的活水冲洗，并切成薄片，下锅煮时才能缩短致熟的时间，如果煮得太久，会使牛心变硬。牛心搭配清香脆嫩的青椒，细嫩的口感愈加突出，待青椒微脆，一道美味又营养的菜品就可以上桌了。

材料		调料	
牛心	200克	盐	3克
青椒	45克	味精	1克
红椒	15克	淀粉	2克
姜片	5克	蚝油	4毫升
蒜末	5克	辣椒酱	20克
葱白	5克	生抽	3毫升
		料酒	5毫升
		水淀粉	适量
		食用油	适量

❶ 将洗净的青椒对半切开，去籽，切成块。

❷ 将洗净的红椒切开，去籽，切成块。

❸ 将洗净的牛心切成片。

❹ 切好的牛心加少许盐、味精、生抽，拌匀。

❺ 加少许淀粉，拌匀，腌渍 10 分钟。

❻ 锅中加水烧开，加少许食用油，倒入青椒、红椒，拌匀。

美容养颜

青椒

+

苦瓜

❼ 水煮沸后，把青椒、红椒捞出备用。

❽ 倒入已腌渍过的牛心。

❾ 汆至转色后，即可捞出。

开胃

青椒

+

鳝鱼

做法演示

❶ 用油起锅，倒入姜片、蒜末、葱白爆香。

❷ 倒入牛心翻炒均匀。

❸ 淋入少许料酒，炒香。

❹ 倒入焯水后的青椒、红椒。

❺ 加盐、味精、生抽、蚝油、辣椒酱炒匀。

❻ 加入少许水淀粉勾芡。

❼ 在锅中继续翻炒片刻，炒匀。

❽ 盛出装盘即成。

食物相宜

卤牛心

🕐 50 分钟		✖ 开胃消食	
🔆 辣		☺ 男性	

　　一个人在家无聊的时候，可以选择做卤牛心，除了焯下水，真的没有什么技术含量，让它自己慢慢炖入味即可，比馆子里的卤菜香多了，还没有油，很健康。不管什么时候，家宴上一定会有冷盘，卤牛心就是一个不错的选择，老少咸宜。

材料		调料	
牛心	150 克	盐	5 克
姜	20 克	料酒	5 毫升
葱	20 克	鸡精	1 克
草果	适量	味精	1 克
桂皮	适量	白糖	2 克
干辣椒段	适量	老抽	3 毫升
沙姜	5 克	生抽	5 毫升
丁香	适量	糖色	适量
花椒	适量	卤水	适量
		食用油	适量

❶ 锅注水,加料酒。

❷ 烧热后下牛心汆烫片刻,捞去浮沫。

❸ 捞出牛心洗净备用。

做法演示

❶ 油锅烧热,下入姜、葱、草果、桂皮、干辣椒、沙姜、丁香。

❷ 放入花椒,加入少许料酒。

❸ 倒入适量清水。

❹ 加入盐、鸡精、味精、白糖、老抽、生抽。

❺ 加入糖色烧开。

❻ 放入牛心。

❼ 加盖,以中火卤制40分钟至入味。

❽ 捞出牛心,放凉。

❾ 将牛心切成片。

❿ 装入盘中,加入少许卤水。

⓫ 用筷子拌匀。

⓬ 摆入另一个盘中即可食用。

食物相宜

促进消化

牛心

+

洋葱

增强免疫力,抗衰老

牛心

+

胡萝卜

养生常识

★ 牛心可养血补心,治健忘、惊悸之症。

★ 牛心对低血压、冠心病有辅助治疗作用。

生炒脆肚

🕐 3分钟 　 ⚔ 开胃消食

🔺 辣 　 ☺ 女性

　　越是有特色的食材做起来越简单，买到新鲜牛肚，可以将肚尖生炒，虽然分量不多，但口感格外脆韧鲜香。这道菜一定要精确掌握肚丝的火候，才更能体现其脆爽可口的风味。所以，做这道菜整个炒制过程要快，可以选择提前把调味汁调好。

材料

鲜牛肚	300克
小米椒	30克
灯笼泡椒	20克
蒜末	5克
葱白	5克

调料

盐	3克
鸡精	1克
白糖	2克
辣椒酱	适量
料酒	5毫升
水淀粉	适量
食用油	适量

食材处理

❶ 将灯笼泡椒对半切开。

❷ 将洗好的小米椒切成段。

❸ 将洗净的牛肚打上花刀，切块。

❹ 锅中加清水烧开，倒入牛肚搅散。

❺ 大火煮约2分钟，煮熟后捞出。

做法演示

❶ 另起锅，注油烧热，放入蒜末、葱白爆香。

❷ 倒入牛肚炒香，加少许料酒。

❸ 倒入小米椒和灯笼泡椒炒匀。

❹ 加辣椒酱、盐、鸡精、白糖调味。

❺ 用水淀粉勾芡，淋入熟油拌匀，翻炒至入味。

❻ 出锅盛盘即可。

食物相宜

补气血、增强免疫力

牛肚

＋

黄芪

促进消化、增进食欲

牛肚

＋

生姜

小贴士

❀ 辣椒以果实、根和茎枝均可入药。

养生常识

★ 辣椒凡果实尖长而辣者可入药，形圆而不辣者如灯笼椒（柿子椒）则不入药，青辣椒也不药用。

★ 辣椒含有较多的维生素。脾胃虚弱者不宜多食，而且辣椒多吃易伤肝。

姜葱炒牛肚

⏱ 2分钟　　✖ 保肝护肾

🔺 咸香　　☺ 一般人群

　　牛肚是补益脾胃、补气养血、补虚益精的佳品。葱、姜能祛除异味，作为使用范围最广泛的调料，在这道菜中发挥了重要作用。姜葱炒牛肚这道菜不能加汤，一定要大火快炒，这样才能炒出干香味。搭配红椒片，不仅为这道菜增加了味道的层次，还使其色彩更丰富，真正做到色香味俱全。

材料		调料	
熟牛肚	150克	盐	3克
葱	40克	味精	1克
姜	45克	蚝油	3毫升
红椒片	20克	料酒	5毫升
蒜末	5克	水淀粉	适量
		食用油	适量

食材处理

❶ 将去皮洗净后的生姜切成薄片。

❷ 将洗净的葱切段。

❸ 将牛肚切斜刀片。

❹ 热水锅中倒入切好的牛肚，加少许盐煮沸。

❺ 用漏勺捞出。

做法演示

❶ 用油起锅，倒入蒜末爆香。

❷ 加姜片、葱白。

❸ 放入牛肚炒香。

❹ 加入料酒炒入味。

❺ 倒入红椒。

❻ 加盐、味精、蚝油炒入味。

❼ 倒入葱叶炒匀。

❽ 加水淀粉勾芡。

❾ 盛入盘中即可。

养生常识

★ 牛肚性平、味甘，归脾、胃经；治病后虚羸，气血不足，消渴，风眩。

★ 牛肚含有蛋白质、脂肪、钙、磷、铁、硫胺素、维生素 B_2、烟酸等。

★ 牛肚可与薏苡仁煮粥食用，或加适量橘皮、生姜煮汤服食更佳。

食物相宜

促进食欲

牛肚

\+

辣椒

补虚、健脾

牛肚

\+

黄豆芽

有益肠胃

牛肚

\+

金针菇

蒜薹炒牛肚

🕐 5分钟	✖ 增强免疫力
🔺 辣	☺ 一般人群

　　这道菜用到的原料很简单，蒜薹一小把、牛肚半个、红椒丝少许。蒜薹虽是配角，但其独特而浓郁的香气却任何人都无法忽视。在蒜薹香脆爽口带一点自然甜味的衬托下，牛肚更是香味四溢。而脆嫩的红椒丝为这道菜增添了不少色彩，味道也更丰富。

材料

熟牛肚	200 克
蒜薹	80 克
蒜末	5 克
姜片	5 克
红椒丝	20 克

调料

盐	3 克
味精	1 克
辣椒酱	适量
水淀粉	适量
食用油	适量

① 将蒜薹洗净切段。

② 将牛肚洗净切丝。

做法演示

① 锅置旺火上，注油烧热。

② 倒入蒜末、姜片煸香。

③ 倒入切好的牛肚，拌炒片刻。

④ 倒入蒜薹，翻炒约3分钟至熟。

⑤ 加入辣椒酱、盐、味精。

⑥ 放入红椒丝。

⑦ 翻炒均匀。

⑧ 倒入少许水淀粉，拌炒均匀。

⑨ 盛入盘内即成。

小贴士

☺ 蒜薹不宜烹制得过烂，以免辣素被破坏，杀菌作用降低。

☺ 蒜薹不宜保存太久，购买后须尽快食用。

养生常识

★ 消化功能不佳的人宜少吃蒜薹，过量食用会影响视力。

★ 蒜薹含有辣素，能杀灭病原菌和寄生虫，可以起到预防流感、防止伤口感染和驱虫的作用。

食物相宜

促进发育

牛肚

豆皮

滋补身体

牛肚

海带

强肾补虚

牛肚

韭菜

红油牛百叶

⏱ 5分钟　　✖ 保肝护肾
🧂 辣　　　　☺ 男性

　　红油牛百叶是一道正宗的川味凉菜，口感鲜香爽脆，红油的点缀使其味道更加浓郁，却不会过于热辣。寒冷的冬日，躲在暖暖的屋中，熬一锅绵滑软糯的白粥，拌一碟清新爽口的红油百叶。一碗粥下肚，不仅口舌生津、有滋有味，还能补益肠胃、调养身体，何等享受……

材料		调料	
牛百叶	350 克	盐	3 克
香菜	25 克	味精	1 克
大蒜	5 克	陈醋	3 毫升
红椒	15 克	辣椒油	35 毫升
		芝麻油	适量
		食用油	少量

食材处理

❶ 将蒜剁成蒜蓉。

❷ 将香菜洗净切碎。

❸ 将红椒洗净,切丝。

做法演示

❶ 在锅中倒入适量清水,加少许食用油烧开。

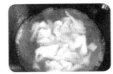

❷ 加适量盐,倒入牛百叶拌匀。

❸ 氽约1分钟至熟。

❹ 捞出装入碗内。

❺ 将大蒜、红椒丝、香菜倒入碗中。

❻ 加辣椒油、味精搅拌均匀。

❼ 倒入少许陈醋、芝麻油。

❽ 拌匀即成。

食物相宜

补气血、增强免疫力

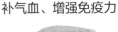

牛百叶

黄芪

养生常识

★ 香菜提取液具有显著的发汗清热、透疹的功能,其特殊香味能刺激汗腺分泌,促使机体发汗、透疹。

★ 香菜辛香升散,能促进胃肠蠕动,具有开胃醒脾、调和中焦的作用。

蒜味牛蹄筋

🕐 2分钟　　✂ 开胃消食
⚖ 咸　　☺ 一般人群

　　牛蹄筋向来被视为筵席上品，食用历史悠久，它口感淡嫩不腻，质地犹如海参，故有俗语"牛蹄筋，味道赛过参"一说。牛蹄筋做法很多，烧蹄筋、烩蹄筋、蹄筋汤等各有风味，蒜味牛蹄筋则是最易上手的一种。作为川味凉菜，这道菜川香浓郁，蹄筋透明，色泽鲜亮有光，吃起来多种滋味绵醇适口。

材料		调料	
熟牛蹄筋	300克	盐	3克
蒜末	10克	味精	1克
葱花	5克	蒜油	适量
红椒末	10克	生抽	5毫升

❶ 将熟牛蹄筋切成块。

❷ 放入碗中。

做法演示

❶ 加入少许盐、味精。

❷ 放入准备好的蒜末、葱花、红椒末。

❸ 倒入适量蒜油。

❹ 用筷子充分拌匀。

❺ 加入生抽，拌匀提味。

❻ 装盘即成。

小贴士

✪ 干牛蹄筋需要用凉水或碱水发制，刚买回来的发制好的蹄筋应先反复用清水洗净后再烹饪食用。

✪ 要选购干燥、筋条粗长挺直、表面洁净无污物、色光白亮、呈半透明状、无异味的牛蹄筋食用。

✪ 牛蹄筋用塑料袋装好，放于干燥处可保存相当长一段时间。

✪ 生抽用来调味，一般用在炒菜或者拌凉菜时；老抽用来为食物着色，一般做红烧肉时使用比较好。

养生常识

★ 牛蹄筋有强筋壮骨的作用，对腰膝酸软、身体瘦弱者有很好的食疗作用。食用牛蹄筋有助于青少年生长发育和减缓中老年女性骨质疏松的速度。

★ 中医认为牛蹄筋味甘性平，入肝经，有补肝强筋的作用，用于肝虚所致的筋酸乏力、易于疲劳等症的补养和治疗，亦可用于筋损伤的调养。

★ 用火碱等工业碱发制的蹄筋不能吃。

食物相宜

补脾健胃

牛蹄筋

洋葱

补五脏、益气血

牛蹄筋

白萝卜

降低血压

牛蹄筋

芹菜

红油羊肉

🕐 2分钟　　✖ 保肝护肾
🌡 辣　　😊 男性

越是家常越有味道，红油羊肉是一道典型的家常川味凉菜。在众多热食中，这样一盘凉拌的羊肉是比较吸引人的，吃起来鲜香味美、微辣爽口，解腻又下饭。羊肉较猪肉的肉质细嫩，较猪肉和牛肉的脂肪、胆固醇含量都要少，吃起来更加健康。秋冬季节尤其适合食用羊肉，具有进补和防寒的双重效果。

材料		调料	
羊肉	400克	盐	3克
蒜末	5克	红油	适量
葱花	5克	芝麻油	5毫升
姜片	5克	料酒	适量
葱条	10克	花椒油	适量
八角	适量		
桂皮	适量		

❶ 在锅中加入适量清水。

❷ 放入姜片、葱条、八角、桂皮、蒜末。

❸ 水烧开后加入料酒、盐。

❹ 放入羊肉烧开。

❺ 加盖，转小火煮1小时至羊肉入味。

❻ 取出羊肉，待稍凉后放入冰箱冷冻1小时。

❼ 取出冻好的羊肉，切成薄片。

❽ 摆入盘内。

做法演示

❶ 取适量红油，加入蒜末。

❷ 倒入葱花。

❸ 加入盐，淋入少许芝麻油和花椒油。

❹ 用筷子拌匀，制成红油汁。

❺ 将红油汁浇在羊肉片上即成。

食物相宜

延缓衰老

羊肉

＋

鸡蛋

治疗腹痛

羊肉

＋

生姜

双椒爆羊肉

- ⏱ 3分钟
- ⚒ 保肝护肾
- 🌡 辣
- 😊 男性

　　总有一些美食，就算经常吃也不会生厌。无论是南方人还是北方人，羊肉绝对是百吃不厌、吃不到就想的美食。爆羊肉在北方常用的配菜是葱，比如北京的葱爆羊肉就是绝对的美味；在南方常用的配菜则是辣椒，青椒、红椒的鲜辣清香，让羊肉味更浓，且开胃下饭，特别适合佐酒时食用。

材料

羊肉	350克
青椒	25克
红椒	15克
蒜苗段	20克
姜片	5克
葱白	5克

调料

盐	3克
味精	1克
白糖	2克
生抽	5毫升
辣椒酱	适量
淀粉	适量
水淀粉	适量
食用油	适量

❶ 将洗好的青椒对半切开，去籽，切成片。

❷ 将洗净的红椒对半切开，去籽，切成片。

❸ 把洗好的羊肉切成片。

❹ 将切好的羊肉片装入碗中，加入少许生抽、盐、味精拌匀。

❺ 加入淀粉拌匀，倒入少许食用油，腌渍10分钟至入味。

❻ 锅中注油，烧至五成热，放入羊肉，用锅铲搅散，滑油约1分钟至变色，捞出备用。

做法演示

❶ 锅留底油，倒入姜片、葱白爆香。

❷ 倒入蒜苗梗、青椒、红椒炒匀。

❸ 倒入滑好油的羊肉片。

❹ 翻炒约1分钟至熟透。

❺ 加入盐、味精、白糖、生抽。

❻ 倒入辣椒酱，翻炒均匀，使羊肉入味。

❼ 倒入蒜叶，拌炒均匀。

❽ 加入少许水淀粉勾芡。

❾ 盛出装盘即可。

食物相宜

增强免疫力

羊肉

+

香菜

治疗风湿性关节炎

羊肉

+

香椿

小贴士

❂ 吃羊肉时，要搭配凉性或甘平性的蔬菜，能起到清凉、解毒、祛火的作用。

干锅羊肉

🕐 5分钟　　✖ 开胃消食
🔥 辣　　　　🙂 一般人群

　　暑往寒来，秋冬季节最宜进补，羊肉无疑是最好的选择。当全家人围桌而坐，温暖的吃法是最能制造氛围的，因此火锅、干锅等吃法格外受欢迎。相比火锅涮羊肉的简单，干锅羊肉显得技术含量高一些。以洋葱垫底，用辣椒炒香的羊肉，随着干锅的加热散发出阵阵香气，幸福味道也随之在家里弥漫，老少尽欢。

材料

羊肉	350克
洋葱	130克
干辣椒段	10克
香菜	15克
姜片	5克
蒜末	5克

调料

盐	3克
味精	1克
鸡精	2克
料酒	5毫升
水淀粉	适量
蚝油	3毫升
食用油	适量

❶ 将洗净的羊肉切成薄片。

❷ 将洗净的洋葱切成丝。

❸ 将香菜洗净，切成段。

❹ 羊肉加盐、味精、料酒、水淀粉拌匀。

❺ 加少许食用油拌匀，腌渍 10 分钟入味。

做法演示

❶ 炒锅热油，倒入洋葱拌炒约 1 分钟至熟。

❷ 加盐、鸡精炒匀。

❸ 盛入干锅中垫底。

❹ 另起油锅烧热，下入姜片、蒜末爆香。

❺ 倒入羊肉炒匀。

❻ 倒入洗好的干辣椒段，翻炒 2～3 分钟至羊肉熟透。

❼ 放入香菜炒匀。

❽ 加入少许水煮开。

❾ 加入蚝油炒匀调味。

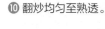

❿ 翻炒均匀至熟透。

⓫ 出锅盛入装有洋葱的干锅中即可。

食物相宜

延缓衰老

羊肉

+

鸡蛋

治疗腹痛

羊肉

+

生姜

干锅羊柳

⏱ 3分钟　　✘ 降低血脂
🌶 辣　　　　☺ 男性

　　这道菜融合了火锅与小炒菜的烹制特色，并把各种食材的味道进一步提升，香辣火热的肉每一块都是那么香醇浓郁。爱吃的人定然有一副好心态，那是面对事物时的淡定。因此，即使家里没有干锅也不会影响烹制，用砂锅一样能做出可口的烧羊柳，还不受酒精炉的束缚，别具风味。

材料

羊柳	180克
洋葱	200克
青椒	50克
红椒	35克
蒜苗段	35克
姜片	5克
蒜末	5克
干辣椒	3克

调料

盐	3克
味精	1克
料酒	5毫升
白糖	2克
水淀粉	适量
食用油	适量

❶ 将洗净的洋葱切成丝。

❷ 将洗好的青椒去除籽，切成丝。

❸ 将红椒去籽后也切成丝。

❹ 将洗净的羊柳切成片，用刀背将羊柳捶松。

❺ 将羊肉片改切成羊肉丝。

❻ 将切好的羊肉丝装入盘中。

❼ 加适量的盐、味精。

❽ 淋入少许料酒抓匀。

❾ 倒入少许水淀粉，抓匀。

❿ 淋入适量食用油，腌渍5～6分钟入味。

⓫ 锅中注油烧至五成热，倒入肉丝。

⓬ 滑油1分钟至熟，捞出备用。

做法演示

❶ 锅留底油，放入姜片、蒜末、洗好的干辣椒炒香。

❷ 倒入洋葱、青椒、红椒炒匀。

❸ 将肉丝倒入锅中。

❹ 淋入少许料酒炒匀。

❺ 注入适量清水，煮约1分钟。

❻ 加入味精、盐、白糖炒匀。

❼ 加适量水淀粉勾芡。

❽ 倒入切好的蒜苗段，翻炒至汤汁收干。

❾ 盛入干锅即成。

辣子羊排

🕐 6分钟　　🍴 保肝护肾

🌶 辣　　😊 一般人群

　　骨头上的肉比较香，而且骨头的营养在烹制过程中也会融入菜中，因此排骨在吃货的生活中不可或缺。不管什么日子，来上一盘热乎乎的辣子羊排，一块接着一块，香辣浓郁的滋味瞬间溢满唇间，让整个人身心都获得了满足。

材料		调料	
卤羊排	500克	盐	3克
朝天椒末	40克	味精	1克
熟白芝麻	3克	生抽	3毫升
姜片	10克	淀粉	适量
葱段	10克	料酒	5毫升
花椒	15克	辣椒油	适量
		花椒油	适量
		食用油	适量

❶ 将卤羊排洗净斩块。

❷ 将切好的羊排放入碗中。

❸ 碗中加少许生抽、淀粉。

❹ 抓匀后腌渍 10 分钟入味。

❺ 热锅注油，加入羊排炸 1 ~ 2 分钟至表皮成金黄色。

❻ 捞出装盘。

做法演示

❶ 锅留底油，倒入葱白、姜片。

❷ 放入花椒、朝天椒爆香。

❸ 倒入羊排翻炒约 3 分钟至熟。

❹ 加入盐、味精。

❺ 倒入料酒。

❻ 淋入辣椒油、花椒油炒匀。

❼ 撒入葱叶炒匀。

❽ 盛入盘中。

❾ 撒入熟白芝麻即成。

食物相宜

治疗腹痛

羊排

＋

生姜

增强免疫力

羊排

＋

香菜

干锅羊排

🕐 5分钟	✂ 增强免疫力
🧂 辣	☺ 男性

这道干锅羊排带着浓浓暖意，嫩滑多汁，香辣可口，理所当然地成了秋冬不可错过的美味。羊肉味甘而不腻，性温而不燥，能够暖中祛寒、温补气血、开胃健脾。秋冬食用，在抵御风寒的同时，又可滋养身体，弥补气血之不足，可谓是一举两得。

材料		调料	
卤羊排	500克	盐	3克
洋葱	130克	鸡精	1克
干辣椒	15克	辣椒酱	适量
香菜	10克	料酒	5毫升
姜片	5克	味精	适量
葱白	5克	蚝油	3毫升
		食用油	适量

❶ 将卤羊排斩成块。

❷ 将洗净的洋葱切成丝。

做法演示

❶ 炒锅热油，倒入洋葱丝。

❷ 拌炒约1分钟至熟透。

❸ 加盐、鸡精炒匀，盛入干锅中垫底。

❹ 另起炒锅，注油烧热，放入姜片、葱白爆香。

❺ 加辣椒酱炒匀。

❻ 放入洗好的干辣椒段炒香。

❼ 倒入斩好的羊排炒匀。

❽ 淋入少许料酒。

❾ 加味精、蚝油、盐炒匀。

❿ 在锅中翻炒至充分入味。

⓫ 起锅，盛入装有洋葱的干锅中。

⓬ 撒上洗好的香菜段即成。

食物相宜

增强免疫力

羊排

+

白萝卜

健脾胃

羊排

+

山药

泡椒猪小肠

🕐 3分钟　　✖ 开胃消食
🔺 辣　　　　🙂 一般人群

　　虽然不是人人都喜欢吃猪小肠，但的确有人迷恋那种独特的爽脆口感。与猪大肠的肥厚不同，小肠更加脆嫩，用白萝卜片和泡椒翻炒，清脆与爽嫩相呼应，而泡椒独特的香辣，能给味蕾带去更深层次的满足。

材料

熟猪小肠	150克
白萝卜	250克
灯笼泡椒	30克
蒜末	5克
姜片	5克
豆瓣酱	适量
葱白	5克

调料

味精	1克
盐	3克
鸡精	1克
水淀粉	适量
料酒	5毫升
蚝油	适量
食用油	适量

食材处理

❶ 将去皮洗净的白萝卜切成片。

❷ 将泡椒对半切开。

❸ 将猪小肠切段。

❹ 锅中加清水烧开，放盐后加白萝卜煮沸。

❺ 用漏勺捞出。

❻ 倒入猪小肠，煮片刻后捞出。

做法演示

❶ 用油起锅，倒入蒜末、姜片、豆瓣酱、葱白炒香。

❷ 加入猪小肠。

❸ 倒入泡椒炒匀。

❹ 淋上料酒、蚝油炒匀。

❺ 倒入白萝卜。

❻ 加味精、盐、鸡精。

❼ 倒上水淀粉和熟油炒至入味。

❽ 盛入盘中即可。

食物相宜

增强免疫力

猪肠

香菜

健脾开胃

猪肠

豆腐

养生常识

★ 白萝卜有清热生津、凉血止血的作用。

★ 豆瓣酱可延缓动脉硬化，降低胆固醇，促进肠蠕动，增进食欲。

香辣狗肉煲

⏰ 36分钟　　✂ 增强免疫力
⚠ 辣　　　　☺ 老年人

　　俗话说："狗肉滚三滚，神仙站不稳"，狗肉大补，寒冬正是食用的好时节。美味的狗肉遇上辣椒，两厢磨合，彼此的味道不断交融。当整个厨房都弥漫着狗肉的香味时，这道香辣狗肉煲就成了。狗肉酥烂，香辣可口，这就是神仙也难抵挡的美味佳肴。

材料		调料	
狗肉	300克	盐	3克
八角	少许	味精	1克
桂皮	少许	蚝油	3毫升
干辣椒	5克	水淀粉	适量
青椒片	20克	辣椒油	适量
红椒片	20克	料酒	5毫升
蒜苗段	20克	豆瓣酱	适量
姜片	5克	食用油	适量
蒜末	5克		

❶ 起油锅，倒入处理干净的狗肉，炒干水分。

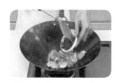

❷ 放入洗好的八角、桂皮、干辣椒。

❸ 加入姜片和蒜末，炒出香味。

❹ 加豆瓣酱拌匀，淋入少许料酒拌匀。

❺ 倒入适量清水、辣椒油拌匀。

❻ 加上盖慢火焖30分钟。

❼ 待狗肉熟烂，大火收汁，加盐、味精、蚝油调味。

❽ 倒入切好备用的青椒片、红椒片。

❾ 加入准备好的水淀粉勾芡。

❿ 撒入蒜苗段拌匀，炒匀至入味。

⓫ 转至砂锅，以中火烧开。

⓬ 关火，端出即成。

壮腰补肾

狗肉

+

豆腐

补益五脏

狗肉

+

黑芝麻

小贴士

☺ 色泽鲜红、发亮，且水分充足的为新鲜狗肉；颜色发黑、发紫、肉质发干者为变质狗肉。

☺ 烹饪时，应以膘肥体壮、健康无病的狗为佳，疯狗肉一定不能吃。

☺ 狗肉应放置于阴凉干燥避光处，冷藏更佳。

养生常识

★ 狗肉不仅蛋白质含量高，而且蛋白质质量极佳，尤以球蛋白比例为大，对增强机体抗病力及器官功能有明显作用。

第4章

花样禽蛋
最美味

　　小小的禽蛋，配合各式常见易得的食材，用川菜特有的做法，变出无数道美味菜肴。款款经典，样样绝味，原料易取，易学易做。从取材到制作，只要掌握要领，你一定能把禽蛋菜肴做得有滋有味，随心所欲变换餐桌上的花样。而在家中亲手烹制色香味俱佳的蛋禽佳肴，不仅是一种味觉的享受，更是一种生活的情趣。

辣炒鸭丁

🕐 5分钟　　✗ 开胃消食
🌶 辣　　　　☺ 一般人群

　　每个人的拿手菜都不一样，正因为此，熟悉的食物总能轻易引人感触并让人得到满足。辣炒鸭丁作为川味家常菜，基本原料离不开鸭肉、朝天椒、干辣椒等，几番烹制，一道热热辣辣的美味就出锅了。鸭丁滑嫩，鲜香麻辣，实在是难得的美味。

材料

鸭肉	350 克
朝天椒	25 克
干辣椒	10 克
姜片	5 克
葱段	5 克

调料

盐	3 克
料酒	5 毫升
味精	1 克
蚝油	3 毫升
水淀粉	适量
辣椒酱	适量
辣椒油	适量
食用油	适量

❶ 将鸭肉洗净斩丁。　　❷ 将朝天椒洗净切圈。

做法演示

❶ 用油起锅，倒入鸭丁炒香。　　❷ 加料酒、盐、味精、蚝油，翻炒约 2 分钟至熟。　　❸ 倒入少许清水，加辣椒酱炒匀。

❹ 倒入姜片、葱白、朝天椒、干辣椒炒香。　　❺ 略加水淀粉勾芡，淋入少许辣椒油，翻炒均匀。　　❻ 装盘即可。

食物相宜

滋阴润肺

鸭肉

芥菜

滋阴补虚

鸭肉

山药

养生常识

★ 鸭肉性凉，适用于体内有热、上火的人食用；低热、体质虚弱、食欲不振、大便干燥和水肿的人，食之更佳；同时鸭肉也很适宜于营养不良、产后病后体虚、盗汗、遗精、妇女月经少、咽干口渴者食用；此外，鸭肉还适宜糖尿病、肝硬化腹水、肺结核、慢性肾炎水肿者食用。

★ 素体虚寒、受凉引起的不思饮食、胃部冷痛、腹泻清稀、腰痛、寒性痛经以及肥胖、动脉硬化、慢性肠炎者应少食鸭肉，以免加重病情。感冒患者则不宜食用鸭肉。

风味鸭血

🕐 6分钟　　✗ 益气补血

🔺 鲜　　😊 一般人群

　　鸭血看似没有彩椒的缤纷多彩，也没有豆腐那般嫩白可爱，却非常接地气，用通俗的话讲，就是有生活气息。风味鸭血是一道不起眼的下饭菜，带着满满的温暖，就像家中老母亲无私的关怀。吃一次，就像扎根在心里，再也离不开。

材料

鸭血	100克
干辣椒	5克
沙茶酱	15克
青椒片	10克
红椒片	10克
葱花	5克
姜片	5克

调料

盐	3克
味精	1克
鸡精	1克
水淀粉	适量
辣椒油	适量
食用油	适量

❶ 将鸭血切块。

❷ 锅中加水，加盐，倒入鸭血块煮至断生捞出。

做法演示

❶ 热锅注油，倒入干辣椒、姜片爆香。

❷ 加入青椒片、红椒片和沙茶酱拌炒匀。

❸ 倒入少许清水烧开。

❹ 淋入少许辣椒油，加盐、味精、鸡精。

❺ 倒入鸭血拌匀，煮2～3分钟入味，加水淀粉勾芡。

❻ 盛出，撒入葱花即可食用。

小贴士

✪ 一般人们购买的血豆腐，其中就含有鸭血，是非常美味的食材，受到很多人的喜爱。但是，真正的鸭血价格较高，而且产量也相对较少，市场上供不应求，因此市面上也冒出了大量伪造的鸭血。假的鸭血对人体的伤害非常大，而且也容易使人染上疾病。因而在购买鸭血时要注意，真正的鸭血气味很腥，而且色泽上要比猪血的颜色暗很多；除此之外，鸭血的弹性很好，质感细腻柔滑，血液的凝固性很好。假的鸭血由于掺杂了其他物质，所以其缝隙较大。

养生常识

★ 鸭血性味偏凉，有解毒、清热、补血的作用，可改善贫血症状。但是，鸭血的胆固醇含量很高，高胆固醇血症、肝病、高血压、冠心病、癌症患者应少食鸭血，以免加重病情。此外，平素脾阳不振、寒湿泻痢之人要忌食鸭血。

食物相宜

润肠通便

鸭血

菠菜

生血、补血

鸭血

葱

清肺健胃

鸭血

韭菜

干锅鸭杂

🕐 12 分钟　　❎ 增强免疫力
🔥 辣　　　　😊 一般人群

　　这道菜一般在农家才可以看得到，家里杀了鸭子后，把鸭内脏收拾干净，加上辣椒、蒜苗爆炒出来，放入干锅，边加热边吃，香喷喷的，非常下饭。做菜是讲究技巧的，干锅菜应该根据不同的主料搭配不同的辅料，这样才能起到口感互补的作用，如鸭杂应选用小红尖椒，方能做到脆嫩鲜香。

材料		调料	
净鸭杂	300 克	料酒	5 毫升
青椒	50 克	盐	3 克
红椒	20 克	味精	1 克
姜片	15 克	淀粉	适量
蒜末	10 克	辣椒酱	适量
蒜苗段	50 克	鸡精	1 克
干辣椒段	25 克	水淀粉	适量

❶ 将洗好的青椒切成片。

❷ 将洗净的红椒切成片。

❸ 将净鸭杂中的鸭肝、鸭心切片,鸭胗切十字花刀。

❹ 切好的鸭杂加入料酒、盐、味精拌匀。

❺ 加少许淀粉,拌至入味。

做法演示

❶ 热锅注油,放入蒜末、姜片炒匀。

❷ 倒入干辣椒。

❸ 放入青椒、红椒,炒香。

❹ 倒入鸭杂。

❺ 淋入料酒,炒匀。

❻ 放入辣椒酱,炒匀。

❼ 注入少许清水。

❽ 加盐、鸡精、味精,翻炒入味。

❾ 用水淀粉勾芡。

❿ 放入蒜苗段。

⓫ 翻炒至入味。

⓬ 盛在干锅中即成。

清热和胃,降逆止呕

姜

+

甘蔗

可治感冒和胃寒呕吐

姜

+

柑橘

可治夏季胃肠不适

姜

+

藕

小炒鹅肠

⏰ 3分钟　　✂ 开胃消食

🌡 鲜　　☺ 一般人群

　　做好吃的食物总是要费一番功夫，鹅肠的清洗是个很大的考验，买回来要用清水反复清洗几次，然后逐条展开，用刀横着刮，将附着在肠壁内侧的黏液清除干净，最后再用盐揉搓一次，将杂质彻底清除干净。小炒鹅肠俗称"饭遭殃"，麻辣鲜香，色泽亮丽，脍炙人口。

材料		调料	
鹅肠	350克	盐	3克
青椒片	10克	味精	1克
红椒片	10克	辣椒酱	适量
生姜片	15克	胡椒粉	适量
蒜末	15克	料酒	5毫升
葱白	少许	蚝油	3毫升
		食用油	适量

❶ 鹅肠用盐水洗净，切段。

❷ 锅中加水烧开，倒入鹅肠，氽至断生后捞出。

做法演示

❶ 热锅注油，放入生姜片、蒜末、葱白煸香。

❷ 倒入鹅肠略炒，加料酒翻炒至熟。

❸ 加适量盐、味精、辣椒酱调味。

❹ 倒入青椒片、红椒片拌炒均匀，再加少许蚝油提鲜。

❺ 撒入胡椒粉拌匀。

❻ 出锅即成。

小贴士

✪ 质量好的青椒、红椒的表皮极具光泽，无破损，无皱缩，形态丰满，无虫蛀。

✪ 青椒宜鲜食，最好现买现吃，不宜储藏，可炒食或涮火锅。

✪ 青椒肉质脆嫩，要选用大火快速翻炒，不宜炒制过久，以免营养流失过多。

✪ 若要保存青椒、红椒，最好先用保鲜膜封好，再置于冰箱中冷藏，可保存1周左右。

食物相宜

延缓衰老，预防脑功能退化

鹅肠

芦笋

健胃清热

鹅肠

丝瓜

养生常识

★ 青椒对坏血病、牙龈出血、贫血、血管脆弱等病症均有辅助治疗作用。青椒还能舒展肌肤，淡化皮肤皱纹，对维持皮肤弹性、保持皮肤的光泽和丰润等均有不错的作用，女士可以经常食用。

泡菜炒鹅肠

🕐 4分钟   ⚔ 增强免疫力

🌡 辣   😊 一般人群

　　酸辣可口的泡菜搭配脆爽的鹅肠，还没动筷就已经感受到了浓浓的四川风味。这道菜中，鹅肠鲜脆爽口，泡菜风味突出。在周末悠闲的午后，一壶老酒、一碟鹅肠，伴着院落里的一米阳光，仿佛这就是幸福生活的真谛。

材料

鹅肠	200克
泡菜	80克
干辣椒	10克
姜片	5克
蒜苗段	20克

调料

盐	3克
味精	1克
蚝油	3毫升
料酒	5毫升
水淀粉	适量
辣椒油	适量
食用油	适量

❶ 将鹅肠洗净,切段。

❷ 装入盘中备用。

做法演示

❶ 用油起锅,放入姜片煸香。

❷ 倒入鹅肠,翻炒片刻。

❸ 加入干辣椒炒香。

❹ 倒入泡菜,炒约2分钟至鹅肠熟透。

❺ 加入盐、味精、蚝油、料酒。

❻ 炒匀调味。

❼ 放入青蒜梗炒匀。

❽ 加少许水淀粉勾芡。

❾ 撒入青蒜叶炒匀。

❿ 淋入少许辣椒油。

⓫ 快速炒匀。

⓬ 盛入盘中即可。

食物相宜

营养均衡

泡菜

+

猪肉

开胃消食

泡菜

+

牛肉

养生常识

★ 鹅肠味甘,性平,具有暖胃生津、补虚益气、和胃止渴的作用。它对中气不足,消瘦乏力,食欲不振,气阴不足所引起的口渴、气短、咳嗽等症状均有良好的食疗作用。天气寒冷时食用适量的鹅肠,可以预防感冒和急性、慢性气管炎。

香芹鹅肠

🕐 4分钟　　❌ 益气补血

🔥 辣　　😊 一般人群

　　香芹炒鹅肠是一道美食，属于川味家常菜，主要原料为鹅肠、香芹、豆瓣酱、辣椒等。与别的配菜相比，香芹味道浓郁，与鹅肠搭配起来相得益彰，也为整道菜增添了亮丽的绿色，看起来感觉更健康。此外，在炒制鹅肠的时候加上蚝油，炒出来味道会更鲜。

材料

香芹	100克
净鹅肠	200克
干辣椒	10克
姜片	5克
蒜末	5克
红椒丝	20克

调料

盐	3克
味精	1克
鸡精	1克
蚝油	3毫升
辣椒酱	适量
水淀粉	适量
食用油	适量

食材处理

❶ 将洗净的香芹切成段。

❷ 将鹅肠切段。

做法演示

❶ 锅注油烧热，倒入干辣椒、姜片、蒜末、红椒丝爆香。

❷ 倒入鹅肠炒匀。

❸ 加入香芹拌炒约2分钟至熟。

❹ 加入盐、味精、鸡精、蚝油。

❺ 将菜炒匀。

❻ 加入辣椒酱炒香。

❼ 倒入少许水淀粉勾芡。

❽ 淋入熟油拌匀。

❾ 盛入盘内即成。

小贴士

✪ 芹菜可炒、可拌、可熬、可煲，还可做成饮品。芹菜叶中所含的胡萝卜素和维生素C比芹菜茎中的含量多，因此吃芹菜时不要把能吃的嫩叶扔掉。

食物相宜

降低血压

芹菜

西红柿

美容养颜，抗衰老

芹菜

核桃

小炒乳鸽

🕐 10分钟	✖ 保肝护肾		
🅰 辣	☺ 男性		

　　乳鸽是指出壳到离巢出售或留种前一月龄内的雏鸽。乳鸽的滋养作用较强，鸽肉滋味鲜美，肉质细嫩，富含粗蛋白质和少量无机盐等营养成分，是不可多得的食品佳肴。"一鸽胜九鸡"，这道小炒乳鸽不仅营养丰富，还有一定的保健作用，能防治多种疾病。

材料

乳鸽	1只
青椒片	20克
红椒片	20克
生姜片	15克
蒜蓉	15克

调料

盐	3克
味精	1克
蚝油	3毫升
辣椒酱	适量
辣椒油	适量
料酒	5毫升
食用油	适量

做法演示

❶ 将乳鸽斩块。

❷ 起油锅。

❸ 放入鸽肉翻炒片刻，加适量料酒炒匀。

❹ 放入辣椒酱拌炒2～3分钟。

❺ 倒入生姜片、蒜蓉翻炒约5分钟至鸽肉熟透。

❻ 加适量盐、味精、蚝油调味。

❼ 放入青椒、红椒翻炒至熟。

❽ 淋入少许辣椒油拌炒匀。

❾ 出锅装盘即成。

食物相宜

补肾益气、散结通经

鸽肉

螃蟹

养生常识

★ 乳鸽肉性平，味咸，具有补肾、益气、养血的作用。鸽血中富含血红蛋白，能使手术之后伤口更好的愈合，也对手术之后病体的营养补充很有益处。女性经常食用鸽肉，可以调补血气，促进激素的分泌。此外，鸽肉中还含有丰富的软骨素，经常食用，可以使肌肤变得白嫩、细腻。爱美人士可以多食。老年人食用则有延年益寿的作用。

★ 乳鸽肉对毛发脱落、中年脱发、头发变白、未老先衰等有一定的疗效。

★ 乳鸽肉中的蛋白质可促进血液循环，改变妇女子宫或膀胱倾斜，防止孕妇流产或早产，并能防止男子精子活力减退和睾丸萎缩。

干锅乳鸽

🕐 3分钟		✖ 开胃消食	
🌡 辣		☺ 一般人群	

　　未见其形，先闻其味，香气弥散的美食总是能第一时间抓住人的味蕾。热辣辣的乳鸽最解馋，还没进家门就能闻到干锅乳鸽的香气，从各色辅料中挑出一大块鸽肉，放入口中，从口到胃，浓郁的肉香让你的幸福感瞬间满格。

材料

鸽肉	200克
青椒	25克
红椒	25克
蒜苗	15克
蒜末	10克
姜片	10克
葱段	7克
干辣椒	15克

调料

盐	3克
鸡精	1克
料酒	5毫升
水淀粉	适量
辣椒酱	适量
豆瓣酱	20克
味精	1克
生抽	3毫升
淀粉	适量
食用油	适量

 ❶ 把洗净的乳鸽斩块。

 ❷ 将洗净的蒜苗切段。

 ❸ 将洗净的青椒切成片。

 ❹ 将洗净的红椒切成片。

 ❺ 将斩好的鸽肉装入碗中，加盐、味精、料酒、生抽拌匀。

 ❻ 撒入淀粉，拌匀，腌渍10分钟。

 ❼ 热锅注油，烧至五六成热，倒入鸽肉。

 ❽ 炸至熟后捞出。

做法演示

 ❶ 锅留底油，烧热。

 ❷ 倒入蒜末、姜片煸炒香。

 ❸ 放入豆瓣酱、青椒片、红椒片、干辣椒，炒香。

 ❹ 倒入乳鸽，加料酒炒匀。

 ❺ 放入辣椒酱炒出辣味。

 ❻ 加入盐、鸡精，倒入少许清水炒匀。

 ❼ 放入蒜苗，加入水淀粉。

 ❽ 拌炒均匀。

 ❾ 加入备好的葱段。

 ❿ 拌炒至熟。

 ⓫ 盛到干锅中即可。

小贴士

✿ 选购鸽肉时，应购买优质的、新鲜的。优质鸽肉的特征表现为：肌肉有光泽，脂肪洁白；反之，劣质鸽肉的特征则为：肌肉颜色稍暗，脂肪也缺乏光泽。

豌豆乳鸽

🕐 2分钟　　✖ 增强免疫力

🔳 清淡　　☺ 一般人群

　　乳鸽、豌豆，乍一听互不相干的两种食物，竟然有着极深的渊源，毕加索1912年就曾创作过《鸽子与豌豆》的画作。据说乳鸽自古以来就是名贵的食物，古罗马的贵族就喜欢用鸽肉来蘸蜂蜜吃；西班牙名菜"豌豆鸽子"，就常见于餐单里。而在川菜中，豌豆乳鸽也是一道不可不吃的佳肴，鲜美的鸽肉与糯实的豌豆能满足舌尖上的每一处味蕾。

材料		调料	
鸽肉	200克	盐	3克
豌豆	150克	味精	1克
姜片	5克	料酒	3毫升
蒜末	5克	生抽	3毫升
青椒片	20克	淀粉	适量
红椒片	20克	白糖	2克
葱白	5克	水淀粉	适量
		食用油	适量

食材处理

❶ 将洗净的鸽肉斩块，装入碗中。

❷ 加盐、味精、料酒、生抽、淀粉拌匀腌渍。

❸ 热锅注水烧开，加盐、食用油煮沸。

❹ 倒入洗好的豌豆，焯熟后捞出备用。

❺ 热锅注油，烧至五六成热，倒入乳鸽。

❻ 炸熟后捞出。

做法演示

❶ 锅留底油，下入姜片、蒜末、青椒片、红椒片、葱白煸香。

❷ 放入乳鸽。

❸ 加少许料酒炒香。

❹ 倒入豌豆。

❺ 加少许清水煮沸，加入盐、味精、白糖调味。

❻ 加入少许水淀粉。

❼ 拌炒均匀。

❽ 起锅盛盘即可。

食物相宜

治食欲不佳

豌豆

＋

蘑菇

健脾，通乳，利水

豌豆

＋

红糖

养生常识

★ 豌豆食用过多会引起腹胀，故不宜长期大量食用。

香辣炒乳鸽

🕐 3分钟　　✖ 补血养颜
🌶 辣　　　　😊 女性

从鸡肉、鸭肉到鸽子肉，禽类肉的做法通常比较多，且无论怎么做味道都差不了。香辣炒乳鸽其貌不扬，但味道绝对超出想象。切成小块的乳鸽，配上红辣椒，炒得非常入味，连里面的青椒片都吸收了乳鸽的汤汁，味道变得格外浓郁。

材料

鸽肉	200克
干辣椒	10克
青椒	15克
红椒	15克
生姜片	5克
蒜末	5克

调料

盐	3克
味精	1克
料酒	5毫升
生抽	3毫升
豆瓣酱	适量
淀粉	适量
辣椒酱	适量
辣椒油	适量
水淀粉	适量
食用油	适量

❶ 将洗净的鸽肉斩块，装入碗中备用。

❷ 把洗净的青椒、红椒分别切片。

❸ 鸽肉加盐、味精、料酒、生抽、淀粉拌匀腌渍。

食物相宜

补肾益气、散结通经

鸽肉

＋

螃蟹

❹ 热锅注油，烧至五六成热，倒入鸽肉。

❺ 炸熟后捞出。

做法演示

❶ 锅底留油，放入生姜片、蒜末、青椒、红椒、豆瓣酱炒香。

❷ 倒入备好的干辣椒。

❸ 倒入鸽肉，炒匀。

养生常识

★ 鸽肉不但营养丰富，而且还有一定的保健作用，对多种疾病都有很好的食疗作用。

❹ 加料酒，炒匀提鲜。

❺ 加入辣椒酱。

❻ 加辣椒油炒匀。

❼ 加味精、盐炒匀调味。

❽ 加少许水淀粉，快速拌炒均匀。

❾ 起锅，盛入盘中即可食用。

泡椒乳鸽

🕐 5分钟	✕ 开胃消食
🅰 辣	☺ 一般人群

　　乡愁是什么？不同的人会有不同的答案，对吃货们来说，乡愁就是家乡饭菜的地道之味。泡椒乳鸽是一道正宗的川味家常菜，当泡椒与乳鸽融合，乳鸽本身的韵味变得包容，泡椒酸辣爽口的本性充分发挥。夹一块放进口中，味蕾立马被征服，在嘴唇轻抿之后，舌尖轻巧的一卷，美味便足以"绕梁"。

材料

乳鸽肉	180克
青泡椒	20克
红泡椒	20克
青椒片	30克
红椒片	30克
生姜片	5克
蒜末	5克
葱白	5克

调料

盐	3克
味精	1克
蚝油	3毫升
老抽	3毫升
辣椒酱	适量
水淀粉	适量
淀粉	适量
生抽	5毫升
料酒	5毫升
食用油	适量

❶ 将青泡椒切段。

❷ 将红泡椒对半切开。

❸ 将洗净的乳鸽斩块，装入碗中备用。

❹ 加盐、味精、生抽、料酒拌匀。

❺ 撒上淀粉，淋入食用油拌匀，腌渍10分钟。

食物相宜

补肾益气、
散结通经

鸽肉

+

螃蟹

做法演示

❶ 起油锅，放入生姜片、蒜末、葱白爆香。

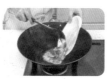

❷ 倒入鸽肉炒匀。

❸ 倒入料酒提鲜。

❹ 加清水煮沸，放入青泡椒、红泡椒，拌匀后煮约3分钟。

❺ 加盐、味精、蚝油，炒匀调味。

❻ 倒入青椒片、红椒片，再加入少许老抽、辣椒酱拌匀。

❼ 用水淀粉勾芡。

❽ 淋入少许熟油拌匀。

❾ 出锅盛入盘中即可食用。

养生常识

★ 乳鸽肉对老年人、病弱体虚者、孕妇及儿童有恢复体力、愈合伤口、增强脑力和视力的作用。

辣椒炒鸡蛋

🕐 2分钟	✂ 开胃消食
🎚 辣	☺ 一般人群

　　辣椒炒鸡蛋是一道极为家常的川菜，每个人都有自己的做法，只要咸度把握好，怎么做都会好吃。辣椒应该选辣度高而且肉质薄一点的，否则多出来的汤汁会影响口感。除了辣椒，还可以适当加点香葱来提鲜增色。嫩黄的鸡蛋，配上绿绿的辣椒，鲜香的味道中又多了一丝清新，让人越吃越爱吃！

材料		调料	
青椒	50克	盐	3克
鸡蛋	2个	鸡精	3克
红椒圈	20克	水淀粉	10毫升
蒜末	5克	味精	1克
葱白	5克	食用油	适量

❶ 将洗净的青椒切成小块。

❷ 将鸡蛋打入碗中，加入少许盐、鸡精调匀。

做法演示

❶ 热锅注油烧热，倒入蛋液摊匀。

❷ 翻炒至熟。

❸ 将炒熟的鸡蛋盛入盘中备用。

❹ 用油起锅，倒入蒜、葱、红椒圈炒匀。

❺ 倒入青椒。

❻ 加入盐、味精炒至入味。

❼ 倒入鸡蛋炒匀。

❽ 加入水淀粉，快速炒匀。

❾ 盛入盘内即可。

食物相宜

预防心血管疾病

鸡蛋

西红柿

保肝护肾

鸡蛋

韭菜

小贴士

✪ 鸡蛋购买后打开蛋壳，若蛋黄占蛋体比例大，呈金黄色的，是土鸡蛋；反之，蛋黄占蛋体比例相对少，呈浅黄色的，则为洋鸡蛋。

泡椒炒鸡蛋

	2分钟		开胃消食
	辣		一般人群

　　泡椒的味道是川菜中所独有，它带给人们的印象很是深刻。泡椒炒鸡蛋这道朴素的家常菜，想必是很多人最初接触厨艺时所学的一道菜，自然蕴含着许多的回忆和感情。经常做一做，酸酸辣辣吃着很过瘾，也在鸡蛋和泡椒的香味中回忆起关于家人的点点滴滴，幸福的感觉便蔓延开来。

材料

鸡蛋	3个
灯笼泡椒	30克
葱花	5克

调料

盐	3克
鸡精	1克
水淀粉	适量
食用油	30毫升

食材处理

 ❶ 将灯笼泡椒对半切开。

 ❷ 将鸡蛋打入碗中。

 ❸ 加入少许盐、鸡精，顺时针方向搅拌均匀。

做法演示

 ❶ 将锅注油烧热，倒入蛋液摊匀，翻炒熟，盛出备用。

 ❷ 锅底留油，倒入灯笼泡椒翻炒约1分钟。

 ❸ 倒入葱花。

 ❹ 加入少许盐、鸡精调味。

 ❺ 加入鸡蛋、少许水淀粉，快速炒匀。

 ❻ 起锅，将炒好的鸡蛋盛入盘内即可。

食物相宜

增强人体免疫力

鸡蛋

+

干贝

养心润肺、安神

鸡蛋

+

菠菜

小贴士

⊙ 鸡蛋的选购技巧：

　　一看鸡蛋外表或者内部的色泽。蛋壳上附着一层霜状粉末，蛋壳颜色鲜明、气孔明显的属于新鲜之品。反之则为陈蛋。或者用左手握成椭圆形，右手将蛋放在圆形末端，对着日光看，新鲜蛋呈微红色，半透明状态，蛋黄轮廓清晰。

　　二要轻轻摇动鸡蛋。用手轻轻摇动，没有声音的是鲜蛋，有水声的是陈蛋。

　　三将鸡蛋放入水中试验。将鸡蛋放入冷水中，下沉的是鲜蛋，上浮的是陈蛋。

皮蛋拌鸡肉丝

🕐 2分钟	✖ 清热解毒
📛 鲜	🙂 女性

　　胃口不佳或一个人打算对付一餐时，一盘皮蛋拌鸡丝，一碗米饭，就是很好的一餐。这是一道做法简单、味道独特的家常小菜，天气闷热时做这样一道小菜来下饭或佐粥，再好不过了。鸡肉丝、皮蛋加上适量调味料，虽是简单一拌，但味道绝不"简单"。鸡丝质地柔软，非常入味，皮蛋配上蒜末回味无穷，且这种少油少盐的做法非常符合养生的需求。

材料

皮蛋	2个
鸡胸肉	300 克
蒜末	5 克
香菜段	10 克

调料

盐	3 克
味精	1 克
白糖	5 克
生抽	3 毫升
陈醋	3 毫升
芝麻油	适量
辣椒油	适量

❶ 锅中加足量清水。

❷ 放入洗净的皮蛋、鸡胸肉，加盖焖15分钟。

❸ 将鸡肉、皮蛋取出。

做法演示

❶ 将皮蛋剥壳，先切瓣，再切丁。

❷ 将鸡胸肉撕成丝，装入碗中。

❸ 鸡丝加盐、味精、白糖拌匀。

❹ 加入蒜末搅拌。

❺ 倒入皮蛋、香菜段。

❻ 加生抽、陈醋、芝麻油、辣椒油。

❼ 拌匀。

❽ 装盘即可。

小贴士
✿ 要购买圆身、没有裂纹、色泽鲜明、无异味的皮蛋，打开蛋壳能看见有花纹状。
✿ 食用皮蛋时，加入适量的姜醋汁，不仅能消除蛋的碱涩味，还能起到杀菌作用。

食物相宜

增强免疫力

鸡蛋

+

芦笋

促进食欲

鸡蛋

+

辣椒

降糖、防癌

鸡蛋

+

南瓜

第 **5** 章

鲜美水产
吃不厌

　　在过去生活还不是很富足的时候，川菜里的海鲜不多，鱼虾的花样更是寥寥。但川菜独特的味道，却能轻易让鱼虾的口感更加丰富，那种味道让人过口难忘。多数海鲜鲜嫩、包容能力强，能充分吸收各种调料和酱汁，还有其他食材的味道，并与自身的鲜美融为一体，变化多端、游刃有余地融入进川菜的多种做法之中。

干锅鱿鱼

🕐 8分钟　　✖ 增强免疫力
🌶 辣　　　　☺ 男性

　　鱿鱼的鲜美让这道干锅鱿鱼成为川菜经典之一。远远地就能闻到鱿鱼的香气，即使不饿，都会被这股香味吸引。鱿鱼肉鲜美、筋道的口感、鲜香浓郁的口味，还有特有的干锅香味……这些都是人们对它情有独钟的原因。

材料

净鱿鱼	300克
青辣椒片	30克
干辣椒	15克
姜片	7克
蒜片	6克

调料

盐	3克
味精	1克
料酒	5毫升
豆瓣酱	适量
蚝油	3毫升
辣椒油	适量
食用油	适量

食材处理

❶ 把鱿鱼头切开，加上麦穗花刀，切片。

❷ 把鱿鱼须切段。

❸ 锅注水烧热，加料酒、盐，倒入鱿鱼氽至断生捞出。

做法演示

❶ 用油起锅。

❷ 倒入姜片、蒜片。

❸ 放入豆瓣酱煸香。

❹ 倒入干辣椒炒出辣味。

❺ 加适量清水，放入盐、味精、蚝油调味。

❻ 倒入青辣椒。

❼ 放入鱿鱼片拌匀。

❽ 煮约2分钟至熟透，淋入辣椒油拌匀。

❾ 收干汁后，转到干锅即成。

食物相宜

延年益寿

鱿鱼

银耳

排毒、造血

鱿鱼

木耳

小贴士

✪ 选购鱿鱼时，要选择滑润、有光泽、白霜较薄、白色均一的鱿鱼。劣质的鱿鱼表面干枯，白霜太厚，背部呈黑红色或霉红色，肉体瘦薄、断头掉腕。

辣炒鱿鱼

🕐 4分钟　　✂ 降低血脂
⚖ 辣　　　　☺ 老年人

辣椒在川菜中有着很重要的地位，用辣椒来炒鱿鱼，香辣味能压住鱿鱼的腥味。雪白的鱿鱼粘上了艳红的酱料，竟彰显出一种妖媚的风情。鱿鱼鲜嫩弹牙，加上辣椒的热辣，鲜香的美味就是这么简单。吃到嘴里的时候，你还会发现鱿鱼已经吸收了辣椒的味道，热辣中带着点鲜香，丝丝入扣，让人回味无穷。

材料		调料	
鱿鱼	150克	盐	3克
青椒	25克	味精	1克
红椒	25克	水淀粉	适量
蒜苗梗	20克	辣椒酱	适量
干辣椒	7克	料酒	5毫升
姜片	6克	食用油	适量

食材处理

❶ 将洗净的青椒切丁。

❷ 将洗好的红椒对半切丁。

❸ 将洗好的鱿鱼切成细丁。

❹ 鱿鱼丁加入料酒、盐、味精、水淀粉拌匀腌渍。

❺ 锅中加清水烧开，倒入鱿鱼丁。

❻ 汆水片刻后捞出备用。

做法演示

❶ 用油起锅，先放入姜片。

❷ 撒上已切好洗净的蒜苗梗，爆香。

❸ 倒入鱿鱼丁炒匀。

❹ 加入洗净切好的干辣椒炒香。

❺ 倒入青椒、红椒翻炒均匀。

❻ 淋上料酒，放入辣椒酱，翻炒片刻。

❼ 放入盐、味精炒至入味。

❽ 倒入水淀粉和熟油炒匀。

❾ 盛出即可。

食物相宜

营养互补

鱿鱼

＋

竹笋

营养全面丰富

鱿鱼

＋

黄瓜

串串香辣虾

⏱ 3分钟　　✖ 增强免疫力

🌡 辣　　😊 一般人群

　　这是一道典型的川菜，其类似烤串的做法让人眼前一亮。基围虾是大对虾的一种，肉多且鲜、营养丰富，最宜食用。这道菜的特点是香辣味浓，虾肉软嫩可口，其精髓在于火候和香料的调和，大火快炒能防止虾肉变得疲软，恰到好处的调料则能让味道更加丰富。

材料		调料	
基围虾	250克	盐	3克
竹签	10根	味精	1克
干辣椒	2克	辣椒粉	2克
红椒末	4克	芝麻油	3毫升
蒜末	3克	食用油	适量
葱花	5克		

食材处理

❶ 将洗净的基围虾去掉头须和脚。

❷ 取一根竹签，由虾尾部插入，把虾穿好。

❸ 油锅烧热，倒入基围虾，炸约 2 分钟至熟透捞出。

做法演示

❶ 锅留底油，倒入蒜末、红椒末爆香。

❷ 倒入准备好的干辣椒。

❸ 加入已切好的葱花炒香。

❹ 倒入炸好的基围虾。

❺ 加盐、味精、芝麻油、辣椒粉。

❻ 翻炒均匀至入味。

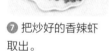

❼ 把炒好的香辣虾取出。

❽ 装入盘中，将锅中香料铺在上面即成。

食物相宜

补肾壮阳

虾

+

枸杞子

益气、下乳

虾

+

葱

小贴士

✪ 保存基围虾时，可以将鲜虾先放入沸水锅中氽水，沥干水分再保存，味道不变，但是色泽会减淡。若用热油炸一小会儿，沥干油后再保存，可使虾的红色固定，鲜味持久。

沸腾虾

🕐 3分钟		🔪 降低血压	
🧂 鲜		😊 老年人	

　　红红火火的沸腾虾最有节庆的氛围，香辣鲜美，色泽诱人。基围虾个大味美，富含蛋白质、钙以及丰富的矿物质，配上香辣浓烈的汤汁，就是一道令人胃口大开的海鲜极品。做菜如同做人，不能小瞧任何一种食材，因为它们在烹饪中都有可能成为法宝。

材料		调料	
基围虾	300克	盐	3克
干辣椒	10克	味精	1克
花椒	7克	鸡精	2克
蒜末	5克	辣椒油	适量
姜片	5克	豆瓣酱	适量
葱段	5克	食用油	适量

做法演示

 ❶ 将已洗净的虾切去头须、虾脚。

 ❷ 用油起锅，倒入蒜末、姜片、葱段。

 ❸ 加入干辣椒、花椒爆香。

 ❹ 加入豆瓣酱炒匀。

 ❺ 倒入适量清水。

 ❻ 放入辣椒油、盐、味精、鸡精调味。

 ❼ 倒入虾，煮约1分钟至熟。

 ❽ 在锅中快速翻炒片刻。

 ❾ 盛出装盘即可。

小贴士

✪ 鉴别新鲜基围虾的办法:

1. 看外形。新鲜的虾头尾完整，头尾与身体紧密相连，虾身较挺，有一定的弯曲度；不新鲜的虾，头与体、壳与肉相连松懈，头尾易脱落或分离，不能保持其原有的弯曲度。

2. 看色泽。新鲜虾皮壳发亮，河虾呈青绿色，对虾呈青白色（雌虾）或蛋黄色（雄虾）；不新鲜的虾，皮壳发暗，虾原色变为红色或灰紫色。

3. 看肉质。新鲜的虾，肉质坚实、细嫩，手触摸时感觉硬，有弹性；不新鲜的虾，肉质松软，弹性差。

4. 闻气味。新鲜虾气味正常，无异味；若有异臭味则为变质虾。

食物相宜

补脾益气

虾

+

香菜

增强体质、促进食欲

虾

+

豆苗

泡椒基围虾

- 🕐 3分钟
- ⚔ 益气补血
- 🌡 辣
- 😊 一般人群

　　在这道菜中，红彤彤的基围虾，第一时间证明了自己的新鲜程度。鲜艳的灯笼泡椒以浓郁的味道，为基围虾增加了香辣味感，细细品尝，回味悠长。虾肉肥嫩鲜美，食之既无鱼腥味，又没有骨刺，老幼皆宜，对身体虚弱以及病后需要调养的人也是极好的食物。

材料

基围虾	250 克
灯笼泡椒	50 克
姜片	5 克
蒜末	5 克
葱白	3 克
葱叶	3 克

调料

盐	3 克
水淀粉	10 毫升
鸡精	3 克
味精	1 克
料酒	5 毫升
食用油	适量

食材处理

❶ 将洗净的虾剪去须、脚。

❷ 切开虾的背部。

做法演示

❶ 热锅注油，烧至六成热，倒入鲜虾。

❷ 搅匀炸熟后捞出。

❸ 锅底留油，倒入姜片、蒜末、葱白爆香。

❹ 倒入灯笼泡椒炒匀。

❺ 倒入处理好的虾翻炒均匀。

❻ 加料酒、鸡精、味精、盐，炒匀调味。

❼ 加入水淀粉勾芡。

❽ 加入葱叶炒匀，继续翻炒片刻至熟透。

❾ 盛出装盘即可。

食物相宜

增强机体免疫力

虾

+

白菜

治夜盲、干眼、便秘

虾

+

韭菜花

养生常识

✿ 基围虾忌与某些水果同吃。它含有比较丰富的蛋白质和钙等营养物质。如果把基围虾与含有鞣酸的水果，如葡萄、石榴、山楂、柿子等同食，不仅会降低蛋白质的营养价值，而且还会刺激肠胃，引起人体不适。

泡椒小炒花蟹

⏱ 6分钟　　❌ 保肝护肾

🧂 辣　　😊 男性

　　新鲜的小花蟹以爽脆香辣泡菜为伍，香麻红艳的一盘端上桌，美妙川味让人吮指难忘。这道菜制作起来并不复杂，不喜欢多油的话，可以将花蟹先蒸熟。在炒制时先放入泡椒翻炒，再放入螃蟹，这样可以让泡椒的香味更好地融入螃蟹中，使其味道更加丰富。

材料		调料	
花蟹	2只	盐	3克
泡椒	10克	白糖	2克
灯笼泡椒	10克	水淀粉	适量
生姜片	5克	淀粉	适量
葱段	5克	食用油	适量

食材处理

❶ 将泡椒对半切开备用。

❷ 将淀粉撒在已处理好的花蟹上。

❸ 热锅注油，倒入花蟹炸熟，捞出炸好的花蟹。

做法演示

❶ 锅底留油，放入生姜煸香。

❷ 倒入少许清水。

❸ 放入花蟹煮沸。

❹ 加盐、白糖调味。

❺ 倒入灯笼泡椒炒匀。

❻ 加入少许水淀粉翻炒均匀。

❼ 加入少许熟油和葱段拌匀。

❽ 摆入盘中即成。

食物相宜

益气、解毒

花蟹

大蒜

养精益气

花蟹

冬瓜

小贴士

◎ 花蟹不可与荆芥同食，否则易引起霍乱。

◎ 花蟹性寒，所以吃时必须蘸姜末、醋汁来祛寒，不宜单食。花蟹的鳃、沙包、内脏含有细菌，吃时一定要去掉。

养生常识

★ 花蟹性寒，孕妇食用后极易引起难产。

★ 花蟹极能动风气，患有风证的人不能吃。

姜葱炒花蟹

⏱ 3分钟　　✖ 保肝护肾

🔲 鲜　　　😊 男性

　　返璞归真，保持原料最初的味道，更符合健康饮食的要求。姜葱炒花蟹就是最简单却最新鲜的搭配，因为材料简单，既不会抢了蟹的鲜味，也能增加蟹的味道层次。其实，对待螃蟹这种天生佩戴盔甲的家伙，就如同面临装备齐全的战士一般，都需要讲究战略，一定不能心急，有定力才能吃得畅快。

材料	
花蟹	2只
生姜	15克
葱	20克
大蒜	5克

调料	
盐	3克
味精	1克
鸡精	3克
料酒	5毫升
生抽	3毫升
淀粉	适量
水淀粉	适量
食用油	适量

食材处理

❶ 将花蟹洗净，取下蟹壳斩块，把蟹脚拍破。

❷ 将蟹块装入盘内，撒上适量淀粉。

做法演示

❶ 热锅注油，烧至六七成热。

❷ 倒入蟹壳、蟹块、生姜片，炸约1分钟捞出。

❸ 锅留底油，倒入葱白、蒜末爆香。

❹ 倒入蟹块，加料酒、盐、味精、鸡精、生抽、葱叶。

❺ 加少许水淀粉，翻炒均匀。

❻ 出锅装盘即成。

食物相宜

治水肿、催乳

花蟹

糯米

补充蛋白质

花蟹

鸡蛋

养生常识

★ 花蟹肥时正是柿子熟的季节，应当注意的是，花蟹忌与柿子混吃。伤风、发热胃痛腹泻患者，以及消化道炎症或溃疡胆囊炎、胆结石症、肝炎活动期的人都不宜食蟹；患有冠心病、高血压、动脉硬化、高脂血症的人应少吃或不吃蟹黄，蟹肉也不宜多吃；过敏体质的人不宜吃蟹。此外，隔夜的剩蟹含有毒物质，食用后会对人体造成危害。

双椒爆螺肉

⏱ 4分钟   ✕ 增强免疫力

🌶 辣   😊 一般人群

　　这是用田螺和辣椒搭配的一道非常简单的家常菜,不仅菜色漂亮,而且味道极其鲜美。田螺肉具有清热、明目、利尿的作用。青红椒的辣度小并且含丰富的维生素,既搭配了菜色又增加了营养。双椒爆螺肉的做法简单,在春天螺蛳最肥美的时候,绝对是餐桌上的美味诱惑。

材料

田螺肉	250克
青椒片	40克
红椒片	40克
姜末	20克
蒜蓉	20克
葱末	5克

调料

盐	3克
味精	1克
料酒	5毫升
水淀粉	适量
辣椒油	适量
芝麻油	适量
胡椒粉	适量
大豆油	适量

做法演示

❶ 用大豆油起锅，倒入葱末、姜末、蒜蓉爆香。

❷ 倒入田螺肉翻炒约2分钟至熟。

❸ 放入青椒片、红椒片。

❹ 拌炒均匀。

❺ 放入盐、味精。

❻ 加料酒调味。

❼ 加入少许水淀粉勾芡，淋入辣椒油、芝麻油。

❽ 撒入胡椒粉，拌炒均匀。

❾ 出锅装盘即成。

食物相宜

补肝肾、清热毒

田螺

+

白菜

清热解毒、利尿

田螺

+

蒜

养生常识

★ 田螺与冰制品不宜同时食用，会导致消化不良或腹泻。因为冰制品能降低人的肠胃温度，削弱消化功能。田螺性寒，食用田螺后如饮冰水，或食用冰制品，都可能导致消化不良或腹泻。

★ 螺肉不宜与蛤蚧、牛肉、羊肉、蚕豆、猪肉、玉米、冬瓜、香瓜、木耳及糖类同食。

辣炒花蛤

⏲ 3分钟　　✖ 增强免疫力

🔥 辣　　☺ 男性

　　许多人对花蛤的爱难以割舍，就像对生活中难以寻觅的红颜知己那般惦念。花蛤最大的特点是鲜，而且是从骨子里对味觉释放的诱惑，从吸引到沉迷，可谓大海给予人们的恩赐。用辣椒炒制花蛤是最常见的一种做法，当听到花蛤"嘣嘣"地与锅体热烈碰撞时，备好两杯啤酒，一场倾心的盛宴也就拉开了序幕。

材料		调料	
花蛤	500克	盐	3克
青椒片	20克	料酒	3毫升
红椒片	20克	味精	3克
干辣椒	10克	鸡精	3克
蒜末	5克	芝麻油	适量
姜片	5克	辣椒油	适量
葱白	5克	豆豉酱	适量
		水淀粉	适量
		豆瓣酱	适量
		食用油	适量

食材处理

① 锅中加足量清水烧开，倒入花蛤拌匀。

② 壳煮开后捞出。

③ 放入清水中清洗干净。

做法演示

① 用油起锅，下入干辣椒、姜片、蒜末、葱白煸香。

② 加入切好的青椒片、红椒片，豆豉酱炒香。

③ 倒入煮熟洗净的花蛤，拌炒均匀。

④ 加入适量的味精、盐、鸡精。

⑤ 淋入少许料酒炒匀调味。

⑥ 加豆瓣酱、辣椒油炒匀。

⑦ 加水淀粉勾芡。

⑧ 加入少许芝麻油炒匀。

⑨ 盛出装盘即可。

养生常识

★ 花蛤属于软体的贝类食物，含一种具有降低血清胆固醇作用的物质高脂血症患者食用，对减轻病情很有帮助。

★ 中医认为，花蛤肉有滋阴明目、软坚、化痰的作用，还有益精润脏的作用。花蛤肉清爽宜人，能够缓解人的烦躁情绪。但是，花蛤肉性寒，体质偏弱者应少食，有宿疾者应慎食，脾胃虚寒者则不宜多吃。

小贴士

✿ 购买花蛤时，可拿起轻轻地敲打其外壳，若为"砰砰"声，则花蛤是死的；相反若为较清脆的"咯咯"的声音，则花蛤是活的。

爆炒牛蛙

⏱ 3分钟　　✕ 美容养颜

🔥 辣　　😊 女性

　　烹制时，牛蛙常常伴随大量的调味料，在帮助入味的同时，又让成菜喷香扑鼻。和牛蛙最搭配的各种辣椒就是吸引人的秘密武器，香辣绝味，让人一块接一块。作为一道川菜，爆炒牛蛙是令人胃口大开的诱人美食，牛蛙肉质细嫩，味道咸鲜，吃起来既香辣又鲜美，同时星星点点的红绿辣椒片能在第一时间吸引人的注意力。

材料

牛蛙	80克
青椒	25克
红椒	25克
剁椒	30克
姜片	5克
蒜末	5克
葱白	5克

调料

盐	2克
鸡精	1克
料酒	20毫升
淀粉	2克
味精	1克
蚝油	3毫升
生抽	5毫升
水淀粉	适量
食用油	适量

❶ 将洗净的青椒切开，去籽，切成片。

❷ 将洗净的红椒切开，去籽，切成片。

❸ 将处理干净的牛蛙切去蹼趾，斩成块。

❹ 将牛蛙块盛入碗中，加少许盐、鸡精、料酒拌匀。

❺ 加少许淀粉，拌匀，腌渍10分钟。

❻ 锅中加1000毫升清水，烧开，加少许食用油，搅拌均匀。

❼ 倒入青椒和红椒，拌匀。

❽ 煮沸后即可捞出。

❾ 热锅注油，烧至五成热，倒入牛蛙，滑油至转色捞出。

做法演示

❶ 锅留底油，倒入姜片、蒜末和葱白爆香。

❷ 倒入已切好备用的剁椒。

❸ 加入牛蛙，淋入少许料酒，翻炒去腥。

❹ 加入焯水后的青椒和红椒炒匀。

❺ 加盐、味精、蚝油、生抽炒匀，调味。

❻ 加入少许水淀粉勾芡。

❼ 翻炒均匀至入味。

❽ 盛出装盘即成。

食物相宜

滋阴壮阳，抑制色素斑形成

牛蛙肉

＋

香菇

利水消肿

牛蛙肉

＋

猪肉

泡椒牛蛙

🕐 4 分钟 ✖ 清热解毒
🌡 辣   ☺ 一般人群

泡椒牛蛙，是一道色香味俱全的川菜，是由辣椒、泡椒爆炒，再放入牛蛙煸炒而成。泡椒是这道菜的主角之一，鲜美的辣味都源自它。红色灯笼泡椒非常漂亮，用它来入菜更出彩、更抢眼。牛蛙吸收了整个汤汁的鲜美，放在口中，又会品尝到其自身的鲜味。这道重口味的佳肴，一定会让你吃得酣畅淋漓，暖身又暖胃。

材料

牛蛙	200 克
灯笼泡椒	20 克
干辣椒	2 克
红椒段	10 克
蒜梗	10 克
姜片	5 克
蒜末	5 克
葱白	5 克

调料

盐	3 克
水淀粉	10 毫升
鸡精	3 克
生抽	3 毫升
蚝油	3 毫升
料酒	适量
食用油	适量

食材处理

① 将宰杀处理干净的牛蛙切去蹼趾、头部。

② 斩成块。

③ 将灯笼泡椒对半切开。

④ 牛蛙块加盐、鸡精、料酒拌匀。

⑤ 加少许食用油，腌渍 10 分钟。

做法演示

① 用油起锅，下入姜片、蒜末、葱白、干辣椒爆香。

② 倒入牛蛙翻炒至变色。

③ 淋入料酒，加蚝油炒匀。

④ 倒入蒜梗、红椒段。

⑤ 倒入灯笼泡椒炒匀。

⑥ 加生抽、鸡精炒匀调味。

⑦ 加水淀粉勾芡。

⑧ 加少许熟油炒匀。

⑨ 盛出装盘即可。

食物相宜

滋阴壮阳，
抑制色斑形成

牛蛙肉

＋

香菇

利水消肿

牛蛙肉

＋

猪肉

养生常识

★ 食用牛蛙肉，可以温中益胃、滋补解毒。牛蛙的内脏含有丰富的蛋白质，经水解，会生成复合氨基酸。其中，精氨酸、离氨酸含量较高，是良好的食品添加剂和滋补品。此外，牛蛙的肉质鲜嫩、口感细腻，可以提高食欲、促进消化。

干锅牛蛙

🕐 5分钟	✂ 防癌抗癌
🔺 辣	☺ 一般人群

紧实的牛蛙肉除了弹牙以外还有一丝甜味，麻辣过瘾的滋味在舌尖舞动久久不散。说起经久不衰的美食，干锅牛蛙绝对占据一席。本就鲜嫩的白肉配上火红的辣椒和秘制的香料，丝丝入味，毫无腥膻味。好吃的干锅牛蛙在家庭餐桌上可不常见，因为要想把牛蛙烧得很弹、很嫩，味道不腥、不膻，是需要一点功夫的。

材料

牛蛙	250 克
干辣椒	10 克
生姜片	15 克
蒜蓉	20 克
葱段	10 克

调料

盐	3 克
味精	1 克
蚝油	3 毫升
料酒	5 毫升
辣椒油	适量
水淀粉	适量
辣椒酱	适量
食用油	适量

❶ 将牛蛙斩块；把生姜、葱、料酒装碗，挤出汁制成葱姜酒汁。

❷ 牛蛙加盐、味精、水淀粉、葱姜酒汁拌匀腌渍。

做法演示

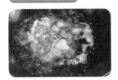

❶ 油锅烧至六七成热时，倒入牛蛙炸约1分钟至熟。

❷ 捞出牛蛙备用。

❸ 起油锅，放入生姜片、蒜蓉、干辣椒、葱白。

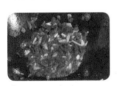

❹ 煸炒至香。

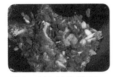

❺ 加少许辣椒酱拌炒，再加入适量料酒拌匀。

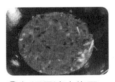

❻ 加适量清水烧开。

❼ 放入牛蛙拌炒均匀。

❽ 煮2～3分钟。

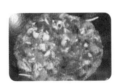

❾ 大火烧至汤汁收干。

❿ 加适量盐、味精、蚝油、辣椒油调味。

⓫ 撒入剩余的葱段炒匀。

⓬ 盛入干锅即成。

养生常识

★ 牛蛙具有滋补解毒的作用，消化功能差或胃酸过多的人以及体质弱的人可以用来滋补身体。此外，牛蛙还可以使人体气血旺盛、精力充沛，具有滋阴壮阳、养心安神补气的作用，有利于患者的身体康复。

干锅墨鱼仔

⏱ 6分钟　　✖ 补血养颜
🌡 辣　　😊 女性

　　都说"四条腿的不如两条腿的，两条腿的不如没腿的"，墨鱼仔营养丰富，高蛋白低脂肪，含有多种维生素和矿物质，加上它滋味鲜美，深受人们喜爱。墨鱼仔的做法很多，而最受欢迎的烹饪方式是干锅。干锅墨鱼仔红白相间、鲜嫩咸辣，川味十足，是一道下饭佳肴。

材料		调料		水淀粉	适量
墨鱼仔	300克	盐	3克	食用油	适量
青椒	25克	味精	1克		
红椒	25克	鸡精	2克		
蒜苗	10克	蚝油	3毫升		
干辣椒	10克	老抽	3毫升		
姜片	5克	料酒	5毫升		
蒜末	5克	豆瓣酱	适量		
葱白	5克	淀粉	适量		

❶ 将洗净的青椒切片。

❷ 将洗净的红椒切片。

❸ 将洗净的墨鱼切条。

❹ 往墨鱼中加入料酒、盐、味精拌匀。

❺ 撒上淀粉拌匀，腌渍 10 分钟。

❻ 锅中加清水烧开，倒入墨鱼。

❼ 焯煮约 2 分钟后捞出。

❽ 往墨鱼上撒上少许淀粉后入油锅滑油片刻，捞出沥干。

做法演示

❶ 锅底留油，放入蒜末、姜片、葱白、干辣椒、蒜梗炒香。

❷ 倒入墨鱼炒匀。

❸ 加入料酒炒香。

❹ 倒入豆瓣酱和少许清水炒匀。

❺ 加入青椒、红椒。

❻ 放盐、味精、鸡精、蚝油、老抽翻炒入味。

❼ 倒入蒜叶。

❽ 加入水淀粉勾芡，淋入熟油拌匀。

❾ 盛入干锅中即可。

食物相宜

能治疗女子闭经

墨鱼

核桃仁

补肝肾

墨鱼

＋

木瓜

海鲜的挑选和加工

一、如何挑选海鲜

巧妇难为无米之炊，烹制海鲜菜肴离不开鲜美的鱼、虾、蟹。怎样挑选，极为重要。根据烹饪达人总结出来的经验，挑选海鲜应该从望、触、闻、开四方面去进行。

鲜鱼

望： 先看，鱼的整体一定要完整，鱼体要保持固有的色泽和光泽；没有腹部膨胀、肛门突出等现象；鱼鳞也要完整并紧贴鱼体；黏液要透明；用手指或手掌托着鱼体中部，观察鱼体的头、躯干、尾是否呈水平状态，以测知其僵硬程度；鱼鳍和尾巴要平整展开；眼睛明亮，眼球饱满、透明，角膜也要透明，眼眶周围无发红现象；解开鳃盖，观察鱼鳃是否呈鲜红或者红褐色，鳃丝的清晰度要高。

触： 鱼体要有紧绷的感觉，用手指按压鱼体背部肌肉，弹性要好，松手能很快恢复。

闻： 可以直接闻鱼的体表、鱼鳃、肌肉有没有腐败的臭味；也可以用木签刺入肌肉深部，拔出后立即嗅闻；必要时，可取鱼鳃或鱼肉于水中煮沸后嗅检。

开： 用剪刀从肛门顺白线剪至头部，然后由肛门向背侧剪开至侧线上方，继续剪开腹壁至头部，即可暴露出全部内脏。主要检查肝、胃、肠、肾的变化情况和有无印胆现象，然后横断脊柱，观察脊柱旁有无发红现象。

冻鱼

活鱼： 眼睛明亮，角膜透明，眼球隆起填满眼眶甚至略微外突，鳍展平张开，鳞片上覆有冻结的透明黏液层，皮肤天然色泽明显。

死鱼： 鱼鳍紧贴鱼体，眼不突出。中毒和窒息死后冰冻的鱼，口和鳃张开，皮肤颜色较暗。

腐败鱼： 完全没有活鱼冰冻后的特征。在可疑情况下，可用小刀或竹签刺穿鱼肉嗅其气味，或者切取鱼鳃一块，浸入热水中后，取出嗅查。腐败变质的鱼，是不能食用的。

虾

新鲜虾的虾体具有各种虾固有的色泽，外壳清晰透明，虾头与虾体连接不易脱落，尾节有伸屈性，肉质致密，无异臭味。眼球饱满突出，允许稍微萎缩。肌肉纹理清晰，呈玉白色，有弹性，不易剥离。气味具有海虾的固有气味，无任何异味。

蟹

鲜活河蟹：动作灵活、好爬行，将其仰卧后，能迅速翻身。

垂死河蟹：精神委顿、不愿爬行，提起时步足下垂或开始脱落，将其仰卧后，不能迅速翻身。

新鲜海蟹：外壳呈青紫色，有光泽，无胃印，鳃丝清晰，肌肉纹理清晰，手持蟹体翻转时，蟹黄无流动感。

变质海蟹：外表暗淡、有胃印，蟹黄发黑，鳃呈褐色。肌肉纤维不清晰，有腐臭味。

二、海鲜的初加工

龙虾

应先用竹签在其腹部近尾叶的底端捅约3厘米，片刻后取出，放出一股黑色液体，即为"放尿"；然后将龙虾的头壳拔出，切断虾尾，脱掉虾壳后，可取出完整的虾肉。将虾肉切开背部，除去肠肚，用清水洗净即可。

海蟹

将海蟹用清水冲洗干净，去净污物，先揭去腹脐及胸甲，摘除胃（灰色小囊）及腮叶，然后按照成菜的要求进行适当的刀工处理。值得注意的是海蟹出肉和取蟹黄，具体方法：将蟹蒸熟或煮熟，取下蟹腿，剪去一头，用擀面杖滚压取出腿肉；打开蟹脐，去掉蟹壳。用竹签挑出蟹黄；用刀切开蟹身，挑出蟹肉即可。

大虾

用拇指和食指的虎口按住虾身，用剪刀剪去虾须、枪，在虾头下剔出虾屎，翻转身去掉爪足，再翻转，用牙签挑出虾线，最后剪去底尾1/4，用清水洗净即可。

基围虾、草虾等

正常去壳后，取出虾肉做成虾仁，或加工成虾球。

鸡、鸭的加工方法

一、去毛方法

在长期的实践中，川厨摸索出了一套去鸡毛、鸭毛的成功经验。一般来讲，去毛的水温是最重要的，同时要考虑去毛的时间和去毛的方法。

去毛的时间：应在鸡鸭死亡之后 3~5 分钟进行拔毛。这时，鸡、鸭已完全死亡，毛孔也没有收缩，容易去毛。但是去毛时间不宜过长，半小时之后，拔毛就会有一定难度。

水温：由季节和鸡、鸭的老嫩程度来决定。冬季，水温要高一些，要求100℃以上；夏季，水温要低一些，要求在 90℃左右为宜。但是老鸡、鸭水温可高一些，嫩鸡、鸭水温稍低一些。这样，便可取得好的效果。

去毛方法：鸡、鸭去毛应烫、煺结合，可用热水淋浇，浇匀浇透，再进行去毛，或将胴体放入盆中浸泡一定时间，再进行去毛。去毛的顺序为先去翅膀毛，反逆向煺鸡腿、胸脊毛，再去鸡颈、头部毛，全部去完后，再入清水中漂一下，捞起沥水，仔细去绒毛、细毛。

为了达到好的效果，在宰杀前约10分钟，可以给鸡、鸭灌入少许白酒，使其毛孔张开，便于宰杀去毛。鸭毛比鸡毛难去，可先下入 85℃的温水盆中，盆子放火上，边加热边去毛，效果好一些。去除干净鹅毛较难，可用酒精火燎一下，去尽；也可在火炉上燎一下，然后用手搓去，用水清洗一下即可。

二、剖腹方法

鸡、鸭剖腹是鸡鸭烹调的前提，更是厨师的基本功。鸡、鸭开腹有三种方法：

一是腹开法。

此法常用，比较简单。在腹剖开一口，取出内脏，也可将口子拉至肛门处，伸手进去，掏出内脏，再切去鸡鸭的"臀尖"和肛门。

二是脊开法。

此法是在鸡鸭的背脊处剖开，取内脏。具体方法是，将鸡鸭平放案板上，鸡腹向外背脊向着人，一手压住鸡鸭，另一手持刀从背脊处进刀，顺着背脊剖至鸡颈下方，取出内脏。注意，进刀不可太深，以免划破其腹内脏。

三是肋开法。

此法是在鸡鸭的翅膀下，开一小口（6~7厘米），取出内脏，此法有一定难度。具体方法：先去鸡鸭的脚爪和翅尖，再将鸡鸭平放于案板上，欲开口一侧朝上；一手压住鸡鸭，另一手持刀在翅下开一小口，然后用中指和食指伸入鸡鸭翅下，切开口；先拉出食管，然后再将肫、肝、肠等掏出，不可弄破苦胆、肠等。

三种方法用处各异。

腹开法，适宜于进一步加工，如鸡块、鸡脯肉等；脊开法，适宜于卤、蒸；肋开法适宜于叉烧、熏烤的菜肴。

三、内脏的处理

鸡、鸭的内脏原料经过加工，可烹制出众多的菜肴。

肫：即胃。先取出去掉连接上的直肠，用刀剖开，除去污物，撕去皮膜（内金），再进行烹调。适宜于爆炒、熘的菜肴。

肝：要放入清水中漂约半小时再用，适宜于做炒菜、汤菜或卤制。注意，其上的苦胆与筋膜要去净。

肠：先理顺，去其上的筋膜和胰脏，用小剪刀剪开，也可用竹签或小刀划开，用清水反复洗净，沥水即可。可用于炒、烫火锅。

血：宰杀时，用一碗加少许水和盐，将血放入，待其凝结后，用刀划成小块，入锅中氽一下或蒸一会儿，断生即可。可以烧、烩、煮汤等。

油：鸡鸭的油可切碎，入碗上笼蒸化，用以作调料、做菜。

此外，鸡鸭的心、肾等可用以烫火锅或炒。鸡嗉、食管、气管、苦胆和肺不可食用，一定要去尽。特别是鸡鸭的臀尖，不可食用，要去尽；肛门周围也要去尽、洗净。

川菜背后的故事

川菜菜品颇多，对于爱吃川菜的吃货来说，随便报出几个川菜菜名自不在话下。而且很多川菜已经走入寻常百姓家，成了大家常吃爱吃的家常菜。在川菜中，最负盛名的经典名菜主要有：宫保鸡丁、夫妻肺片、鱼香肉丝、麻婆豆腐、回锅肉、毛血旺等。

宫保鸡丁

宫保鸡丁，有的地方叫"宫爆鸡丁"，是因为有些人认为其烹调方法为"爆炒"而得名，这是一种误解。"宫保"其实是古时候的一种官衔。

说到宫保鸡丁，就不得不提到它的发明者——丁宝桢。丁宝桢是贵州平远人，清咸丰进士，讲究烹调，任山东巡抚时，曾雇用名厨数十人为家厨，请客时常有"炒鸡丁"一菜。后调任四川总督，便将此菜引进四川，与四川嗜辣的习俗相结合加以改进。每遇宴客，他都让家厨用花生米、干辣椒和嫩鸡肉炒制鸡丁，肉嫩味美，很受客人欢迎。后来，他由于戍边御敌有功，被朝廷封为"太子少保"，人称"丁宫保"，其家厨烹制的炒鸡丁，也被称为"宫保鸡丁"。

宫保鸡丁入口鲜辣，鸡肉的鲜嫩配合花生米的香脆，已成为最著名的家常菜之一。甚至在英美等西方国家，宫保鸡丁也已"泛滥成灾"，成为中国菜的代名词。

夫妻肺片

夫妻肺片是四川成都无人不知的美食。相传在 20 世纪 30 年代，四川成都附近有一对摆小摊的夫妇，男叫郭朝华，女叫张田政。他们夫妇俩配合默契，一个制作、一个出售，加之制作的凉拌肺片精细讲究，颜色金红发亮，麻辣鲜香，风味独特，所以小生意做得红红火火，一时顾客云集，供不应求。

后来公私合营，郭氏夫妻并入国营单位，经过公司上下几十年努力，夫妻肺片成为知名小吃。政府给"肺片"注册了"夫妻牌"商标，国家国内贸易部还给"夫妻肺片"授予了"中华老字号""中华名小吃"等荣誉称号，才有了现在的"夫妻肺片"。

当初，夫妇俩的肺片主要

原料确实是牛肺头，因为当时人们很穷，买不起肉吃，但牛肺很便宜，所以都来买。这道菜出名以后，制作用的原料也开始精选了，牛肺因为口感、味道都不是很好，便不再入菜，而采用牛头皮、牛心、牛舌、牛肚、牛肉等，但"夫妻肺片"的叫法还是沿用下来。

鱼香肉丝

传说，鱼香肉丝起源于一个美丽的偶然。

很久之前在四川有一户生意人家，他们家里的人很喜欢吃鱼，对调味也很讲究，所以他们在烧鱼的时候都要放一些葱、姜、蒜、酒、醋、酱油等去腥增味的调料。有一天晚上，妻子在炒肉丝的时候，为了不使配料浪费，就把烧鱼时用剩的配料都放在这道菜中。当时她还以为这道菜可能味道不是很好，怕丈夫不喜欢。正在发愁之际，她的丈夫回家了。不知是因为肚子饿了还是感觉这碗菜的特别，还没等开饭，他就用手抓起菜往嘴里塞，之后，他迫不及待地问妻子此菜是怎么做的。妻子结结巴巴时，意外地发现丈夫连连称赞这道菜味道鲜美。丈夫见她没回答，又问了一句"这么好吃的菜是用什么做的"，妻子这才一五一十地给他讲了一遍。

因为这道菜是用烧鱼的配料来炒其他菜肴，才会其味无穷，所以取名为鱼香肉丝。

后来，这道菜经过了四川人若干年的改进，已经形成了独特的"鱼香"菜系列，如鱼香猪肝、鱼香肉丝、鱼香茄子和鱼香三丝等。如今，因风味独特，这道菜已经成为全国闻名的家常菜之一。

麻婆豆腐

麻婆豆腐已经有一百多年的历史了，现在已经是最具特色的川菜代表之一。关于其传说，主要有两种。

第一种：清朝末年，住在四川成都的陈某因故去世，撇下孤儿寡母，一家人生活陷入困境。他们的邻居一家是卖羊肉的，一家是卖豆腐的，由于可怜他们，便用每天卖不出去的蹄筋肉和压坏的豆腐接济他们。陈某的妻子名叫巧巧，小时候得过天花，脸上留下了麻点，却是个心灵手巧的女子，为了孩子、为了生存，她绞尽脑汁想把这些有限的材料做得好吃些。由于蹄筋肉很硬，她只能先剁碎，因为当时条件有限，每次要剁将近十分钟。豆腐乱七八糟不好看，她就切成了小四方块，这样就看不出原来的形状了。然后加入自家制的酱进行熬煮，因为蹄筋肉即使剁碎了仍然很硬，所以往往要

炖上很久，好在豆腐韧性好，很适合慢炖，当蹄筋肉炖成了黏稠的美味胶脂，豆腐就吸收了肉味，变得更加鲜美了。

第二种：成都近郊的万福桥，据说有个叫陈春富的青年和他的妻子刘氏，在这里开了一家专卖素菜的小饭铺。刘氏烧的豆腐两面金黄又酥又嫩，客人们很爱吃。有时遇上嘴馋的顾客要求吃点荤的，她就去对门小贩处买回牛肉切成片，做成牛肉烧豆腐供客人食用。她烹制的牛肉烧豆腐，具有麻、辣、香、烫、嫩、酥等特点，很多人吃起来烫得出汗，全身舒畅，吃了还想吃。刘氏小时候出过天花，脸上留下了几颗麻点，来往的客人熟了，就取笑她叫她麻嫂。后来她年纪大一点，人们便改口叫麻婆。她做的牛肉烧豆腐出了名，于是就成了"麻婆豆腐"。

回锅肉

回锅肉是四川名菜，又叫熬锅肉。

传说这道菜是四川人初一、十五打牙祭（改善生活）的当家菜。当时做法多是先白煮，再爆炒。到清末时成都有位姓凌的翰林，因宦途失意退隐家居，潜心研究烹饪。他将原煮后炒的回锅肉改为先将猪肉去腥味，以隔水容器密封的方法蒸熟后再煎炒成菜。因为久蒸至熟，减少了可溶性蛋白质的损失，保持了肉质的浓郁鲜香，原味不失，色泽红亮。自此，名噪锦城的久蒸回锅肉便流传开来。

毛血旺

毛血旺出自重庆市沙坪坝区磁器口镇——一个保留了重庆古老码头文化的小镇。据说，毛血旺的名称来源于其创始人姓毛，听说后来因为经营不善倒闭了。重庆的毛血旺中一般添加的是鸭血、鸭肠、泥鳅、午餐肉、鸭肚、猪心、豆芽等，而且极其便宜，一个人要一份还吃不完。而且，吃毛血旺的地点非常讲究，只有在磁器口才可吃到正宗的。

还有一种传说是70年前，沙坪坝磁器口有一王姓屠夫每天把卖肉剩下的杂碎，以贱价处理。王的媳妇张氏觉得可惜，于是当街摆起卖杂碎汤的小摊，用猪头肉、猪骨加豌豆熬成汤，加入猪肺叶、肥肠，放入老姜、花椒、料酒用小火煨制，味道特别好。一个偶然的机会，张氏在杂碎汤里直接放入鲜生猪血旺，发现血旺越煮越嫩，味道更鲜。这道菜是将生血旺现烫现吃，遂取名毛血旺。

现在市场上流行的毛血旺则是七星岗一家火锅店在火锅基础上发展起来的一种小火锅。

龙抄手

传说，20世纪40年代春熙路"浓花茶社"的张光武等几位伙计商量合资开一个抄手店，取店名时就谐"浓"字音，也取"龙凤呈祥"之意，定名为"龙抄手"。龙抄手的主要特色是：皮薄、馅嫩、汤鲜。抄手皮用的是特级面粉加少许配料，细搓慢揉，擀制成"薄如纸、细如绸"的半透明状。肉馅细嫩滑爽，香醇可口。龙抄手的原汤是取用鸡、鸭和猪身上几个部位肉，经猛炖慢煨而成。原汤又白、又浓、又香。

赖汤圆

赖汤圆迄今已有百年历史。老板赖源鑫从1894年起就在成都沿街煮卖汤圆，他制作的汤圆煮时不烂皮、不露馅、不浑汤，吃时不粘筷、不粘牙、不腻口，滋润香甜、爽滑软糯，成为成都最负盛名的小吃。现在的赖汤圆，保持了老字号名优小吃的质量，其色润洁白、皮粑绵糯、甜香油重、营养丰富。

担担面

担担面中最有名的要数陈包包的担担面了，它是自贡市一位名叫陈包包的小贩在1841年创制的。因最初是挑着担子沿街叫卖而得名。过去，成都走街串巷的担担面，用一中铜锅隔两格，一格煮面，一格炖鸡或炖蹄膀。现在重庆、成都、自贡等地的担担面，多数已改为店铺经营，但依旧保持原有特色，尤以成都的担担面让人难忘。

灯影牛肉

灯影牛肉是川菜中麻辣味浓厚的冷菜名肴，它和郫县豆瓣、涪陵榨菜、永川豆豉并称为"四川四大特产"。据说，唐代诗人元稹在通州任司马时，常到一家酒肆小酌，下酒菜中便有灯影牛肉，其色泽油润红亮，味道麻辣鲜香，质地柔韧，入口自化而无渣，食后令人回味无穷，使元稹赞叹不已。更让他惊奇的是，成菜肉片较大，薄如纸，呈半透明状，用筷子夹起，在灯的照射下，红色牛肉的丝丝纹理在墙壁上显出清晰的影像来，煞是好看。这使他联想到当时京城盛行的"灯影戏"（现称皮影戏），兴之所至，当即称之为"灯影牛肉"。人们尊敬元稹的清正廉洁，因他的赞誉，该菜引起轰动，一举成为名菜。

灯影牛肉制作时要用牛后腿中的腱子肉，平片或滚片成均匀且较薄的大片，撒上盐后，再裹成圆筒形，晾至牛肉呈鲜红色（夏季约14小时，冬季约4天）时，再将牛肉片展开，平放在架子上并放进烘炉内，再用小火烘干，上笼蒸30分钟后取出，并立即切成4厘米长、3厘米宽的小片（传统制作不刀成小片），然后入笼蒸约1个小时后取出。最后将炒锅放在火上，入油、姜片后炒香，再取出姜片，改小火后下入牛肉片慢慢炸透，沥去多余的油，加入绍酒拌匀，再加入辣椒粉、花椒粉、白糖、味精、五香粉各适量炒匀，淋上香油即成。

品味一次川味名品灯影牛肉，麻得舒心，辣得舒服，其特殊的柔韧质感令人叫绝！

粉蒸牛肉

自古以来，美食很大一部分是靠名人、文人墨客推动的，这在民国时代表现得更为突出。正如张大千之于粉蒸牛肉。

张大千是丹青巨匠，当时与齐白石并称"南张北齐"。徐悲鸿对他更是推崇："张大千，五百年来第一人。"张大千游历世界，获得巨大国际声誉，被西方艺坛赞为"东方之笔"。但很少有人知道，丹青圣手张大千也是赫赫有名的美食大家，而且是厨界高手。

作为美食家，张大千不仅善谈，而且善做，经常自己亲自上灶。他对食料的要求非常苛刻，即使在餐馆用餐也是如此。在张家的餐桌上出现最多的菜莫过于粉蒸牛肉。粉蒸牛肉原本是四川小吃，叫小笼蒸牛肉。这道菜香浓味鲜，麻辣可口，里面要放大量豆瓣、花椒，有

些人还要放干辣椒面，以增加香辣味。但是，张大千不满意普通的干辣椒面，他用的辣椒面一定要是自家做的，再加香菜。

张大千还专门到牛市口买著名的椒盐锅盔，用锅盔夹着粉蒸牛肉吃。这种东西一大口吃下去，酥软的锅盔加上润滑鲜香的牛肉，很多人会流口水。

开水白菜

相传，开水白菜是由颇受慈禧赏识的川菜名厨黄敬临在清宫御膳房创制的。黄敬临当厨时，不少人贬损川菜"只会麻辣，粗俗土气"，为了破谣立证，他冥思苦想多时并经由百番尝试，终于开先河地创出了"开水白菜"这道菜中神品，把极繁和极简归至化境，一扫川菜积郁百年的冤屈。

这道菜听似朴实无华，然则尽显上乘的制汤功夫。开水，其实是至清的鸡汤。此汤要用老母鸡、老母鸭、火腿蹄肉、排骨、干贝等食材分别去杂入沸锅，加入料酒、葱蒜等调味品吊制至少 4 小时，再将鸡胸脯肉剁烂至蓉，灌以鲜汤搅成浆状，倒入锅中吸附杂质。

反复吸附两三次之后，锅中原本略浊的鸡汤此刻呈开水般透彻清冽之状，香味浓醇，不油不腻，沁人心脾。而白菜则要选取将熟未透

的东北大白菜做原材，只选用当中发黄的嫩心，微焯之后用清水漂冷，去尽菜腥后再用"开水"状鸡汤淋浇至烫熟。烫过白菜的清汤当然要弃置不用，烫好的菜心垫入钵底，轻轻倒进新鲜的鸡汤，此菜才算成。成菜乍看清汤寡水，油星全无，但闻起来却香味扑鼻，吃在口中清鲜柔美，胜过那万般佳肴。

就这样，开水白菜从御膳房到待宾国宴一路传承发展下来，并成为四川传统名菜之一。

每道美食的背后都有一个好听的故事，正是这些好听的故事让这些美食更加有味道。当享受餐桌上的美食时，所有味觉的愉悦都会让我们感谢它们，想起它们……